李春昉·著

高效能人士的8个习惯

效率整理术

中国华侨出版社
北京

图书在版编目（CIP）数据

效率整理术：高效能人士的 8 个习惯 / 李春昉著 . —北京：中国华侨出版社，2019.5
　　ISBN 978-7-5113-7818-7

　　Ⅰ . ①效… Ⅱ . ①李… Ⅲ . ①成功心理—通俗读物
Ⅳ . ① B848.4-49

中国版本图书馆 CIP 数据核字（2019）第 057322 号

效率整理术：高效能人士的 8 个习惯

著　　　者：李春昉
责任编辑：刘晓燕
责任校对：志　刚
经　　　销：新华书店
开　　　本：670 毫米 ×960 毫米　1/16 开　印张：15　字数：184 千字
印　　　刷：河北省三河市天润建兴印务有限公司
版　　　次：2019 年 6 月第 1 版
印　　　次：2024 年 2 月第 2 次印刷
书　　　号：ISBN 978-7-5113-7818-7
定　　　价：42.00 元

中国华侨出版社　北京市朝阳区西坝河东里 77 号楼底商 5 号　邮编：100028
发 行 部：(010) 64443051　　　　传　真：(010) 64439708
网　　址：http://www.oveaschin.com　　E-mail：oveaschin@sina.com

如果发现印装质量问题影响阅读，请与印刷厂联系调换。

前言

为什么同样的时间，别人完成的工作量远远超过自己？

为什么同样的内容，你完成所耗费的时间是他人数倍？

同样的麻烦，有人会处理得越来越少，有人却越理越乱。

……

问题到底出在哪里？答案是——效率低下！

怎样解决这个问题呢？整理是最好的办法。

一个人的能力有大小，办事效率有高低。但凡是做事效率高的人，凡是工作能力强的人，其整理能力也很强。例如，将物品摆放好，你就能随手拿到；将环境整理好，你就能神清气爽；将文件收纳好，你就能信手拈来；将工作安排好，你就能忙到点上；将财富打理好，你就能财源滚滚……

换言之，不会整理的人，其工作效率往往都很低下。也许这话听起来有点武断，但明明有着卓越的能力，明明付出了诸多努力，却因为不懂得或不擅长整理，导致一项工作不得不重复去做，白白浪费了精力和时间；或是丢失了重要的票据，丧失了客户的信任等，这些教训很多人都曾经有过。

整理，是一个人必需的生存技能。

说到整理，很多朋友立马会想到"家务活"，但其实，整理不仅限于家务，它还可以运用到方方面面，例如整理自身居所、心情、习惯、工作状态，等等。合理的整理和及时的调整，有助于我们创造一种优良的环境和身心状态，摆脱无序、杂乱、拖延的泥潭，拥有更高效、更惬意的人生。

这并不是什么不可思议的事情，本书将详细论述有关整理的方法和诀窍。这些方法简单且实用，你会清晰地看到，整理是一种不依靠卓越的才能，不依靠高学历，不依靠超强的记忆力，只要按设定的规则去做，就可以使人生效率获得大幅度提升的方法。关键是，人人都可以做得到。

你不必停下所有事情来做整理工作，只需要开始做就行，从书中挑选出一个单独的整理小贴士，从今天开始，立即行动。好消息是：如果你在生活中的某个点开始变得有条理了，那么你就会变得有条理。整理之后看到干净整洁的环境，你就会感到信心满满，接下来的坚持就是水到渠成的事。

相信，每个人都会成为自己的"整理师"，打造并享受属于自己的高效人生。

目录
contents

第 1 个习惯　找出效率低下的根本原因

01. 找出拖慢效率的"罪魁祸首" / 003
02. 别把机会葬送在"犹豫"上 / 007
03. 浪费时间的祸首——"找找找" / 011
04. 远离"白日梦"，拒做"空想家" / 014
05. 突破思维惯性，善用"创意整理术" / 017
06. 自省，让心房干净清洁 / 021
07. 抱怨是最无用的且浪费时间 / 024
08. 整理最忌讳半途而废 / 028

第 2 个习惯　审视和调整你的行为方式

01. 要么不做，要做就认真做 / 033
02. 整理，不需苛求完美 / 037
03. 学会丢弃，东西有用才有价值 / 040

04. 整理并不等于收纳 / 044
05. 你的"尽力"一文不值 / 047
06. 准备充足，减少中断的可能性 / 050

第3个习惯　让每一个"脑细胞"各司其职

01. 思考就是把信息组合并整理起来 / 057
02. 控制好你的负面情绪 / 061
03. 对抗焦虑不如接纳焦虑 / 065
04. 保持清醒，提防"温水煮青蛙" / 068
05. 把压力变成高效的动力 / 071
06. 记录下大脑的"灵光一闪" / 075
07. 把"失败信息"变为"失败知识" / 079
08. 通过分析判断，化难为易 / 082
09. 学会用优化的思想解决问题 / 086

第4个习惯　周密筹划，而不是盲目行动

01. 也许你所需要的只是一个计划 / 093
02. 轻重缓急，学会为工作排序 / 097
03. 分工明确，整合才更有价值 / 100

04. 多线并行，把效率推上去 / 103
05. 要"忙"，但不要"瞎忙" / 107
06. 不找借口找方法 / 111
07. 瞄准"靶心"，找到工作的关键点 / 115
08. 工作之前，先花时间整理团队 / 118
09. 突破"瓶颈"，开拓你的缺失领域 / 121

第5个习惯　营造有条不紊的工作环境

01. 给自己一个高效率的办公环境 / 127
02. 整洁桌面，让工作井井有条 / 130
03. 如何"拯救"你，我的电脑 / 133
04. 纸质文件越少越好 / 136
05. 摘录，阅读的浓缩精华 / 138
06. 做好剪贴报的整理 / 142
07. 备忘录，比你的记忆更靠谱 / 144

第6个习惯　在短时间内完成更多的事情

01. 高效率，就是善用"一分一秒" / 149
02. 列一个具体的时间表 / 152

03．把空闲时间利用起来 / 155
04．世界永远属于早起的人 / 158
05．速度为先，走在别人前面 / 161
06．善用人体的"生理时间表" / 164
07．休息也是高效率的保证 / 167

第 7 个习惯　对生活和心灵进行定期清理

01．方法结合工具，让衣柜焕然一新 / 173
02．随身物品，贵精不贵多 / 176
03．改变，点燃生活的新体验 / 179
04．心灵"扫除"，把垃圾丢出去 / 182
05．化繁为简，享受简约生活 / 185
06．购物清单，让你的生活更轻松 / 188
07．倾诉，排解情绪的法宝 / 191
08．每个人都应有"修复力" / 194

第 8 个习惯　找准定位才能合理规划人生

01．找准你的自我定位 / 199
02．给自己一个人生目标 / 203

03. 一生做好一件事 / 207
04. 灵活应变，适时调整你的方向 / 210
05. 财富整理，让人生更高效 / 213
06. 伟大，从创建理想开始 / 218
07. 超越，永远不要"自我设限" / 223
08. 整理自己，在不断优化中前进 / 227

第1个习惯

找出效率低下的根本原因

01

找出拖慢效率的"罪魁祸首"

是什么妨碍了我们做事的效率和成就？

当被问及这个问题时，不少人的回答几乎千篇一律：时间不够用、物力不支持、财力等资源日益缩减、找不到机会，等等。但是进行更深入的了解后，我们往往会发现这些大都只是借口罢了，最根本的原因在于拖延。

刘畅是某知名广告公司的一名设计师，他才华横溢、能力突出，但工作效率却极低，时常不能按时完成工作任务。

一次，一位重要客户要刘畅按照要求设计一幅广告海报，并告诉他当天下班前提交。刘畅接过任务后，心想一天的时间足够用了，便不急不慌地打开网页浏览新闻、打开手机翻看朋友圈……当刘畅开始工作后，一会儿和朋友聊天、一会儿又去倒水喝……下午他的工作状态也是如此，结果下班时还没有做好海报。

晚上九点多，刘畅表示自己今晚得加班了，因为客户已经催促了好几次，他在网络上发给朋友一个抓狂的表情。谁知没过十分钟，他又和朋友聊起刚结束的NBA决赛来,他居然先看了一场比赛。结果是,由于时间太仓促,刘畅做出的海报几乎没有什么新意,连修改的时间都没有,客户很不满意。

对此,刘畅满腹怨言:"唉,我的时间总是不够用。"

"就是工作状态不对!拖延症重症患者!"领导直言不讳地说,"不到最后时刻不肯干活,两年里活生生被刘畅拖黄的项目就有三个。不算前期费用,损失也在十万元以上,这样的人再有才能,我也不敢重用。"

在生活节奏越来越快的今天,像刘畅一样做事拖延的人随处可见,"这件事情还是明天再想吧""先看完这个电影,一会儿再写这份报告也不迟"……请注意,这是时间浪费和做事低效的"罪魁祸首"。我们的情绪也会因此陷入负面,负面情绪又会加重拖延行为,势必让事情变得越来越糟糕。

以回复信件为例,你是否发现自己经常在信件的开头写下这样的话:"真对不起这么久才给你回信"或者"很抱歉拖了很久才回复"。本来当初接收到邮件时就可以很愉快、很容易做回复,可是当你拖延了几天、几星期之后,众多邮件积累在一起的时候,你的思路就会混乱,回复时间变长。

拖延是毫无意义的——短暂的逃避之后事情依然要做。同样的工作内容,同样的八小时工作时间,有人可以利索地、完美地完成任务,有人却总要加班加点工作,而且完成效果也不理想。试想,老板会喜欢哪一类人呢?很明显,前者更容易获得上司的嘉奖、同事的敬佩和客户的信赖。

世界首富比尔·盖茨说过这样一段话:"凡是将应该做的事拖延而不立刻去做,而想留待将来再做的人总是弱者。凡是有力量、有能耐的人,都会在对一件事情充满兴趣、充满热忱的时候,就立刻迎头去做。"对此,我们不得不正视一个问题,那就是摆脱拖延的困扰,力争高效做事。

第1个习惯
找出效率低下的根本原因

一位英国年轻人常常觉得工作让自己焦头烂额，寝食不安，而且看不到一点成功的希望，他整个人即将崩溃。于是，他决定去请教著名的小说家瓦尔特·司各特："我想请教您，身为一个全球知名的作家，您每天是如何处理好那么多的工作，而且很快就能取得成功呢？您能不能给我一个明确的答案？"

瓦尔特·司各特友好地问年轻人："你完成今天的工作了吗？"

年轻人摇摇头，"这是早晨，我一天的工作还没有开始呢。"

瓦尔特·司各特笑了笑，说道："但是，我已经把今天的工作全部完成了。"

听了这句话，年轻人感到莫名其妙，对此瓦尔特·司各特解释道："你一定要警惕那种使自己不能按时完成工作的习惯——我指的是，拖延磨蹭的习惯。要做的工作即刻去做，等工作完成后再去休息，千万不要在完成工作之前先去玩乐。如果说我是一位成功者的话，那么我想这就是我成功的原因。"

当你开始着手一件事情时，有时觉得无论如何都不想做，怎么办？为此，你可以给自己制订一个五分钟的整理计划。先将自己的疑虑、抗拒或胆怯暂时放到一边，先不要考虑各种长期计划，做事之前和自己做个约定，"我只要先做五分钟就好了"，或是"先做五分钟，然后再决定要不要继续下去"。

俗话说"万事开头难"，当你用心做了五分钟后，往往会觉得再继续做五分钟不是太难办的事情了。这是因为，拖延有时是由现实生活中为将来的事情忧虑而引起的。如果你发现将思绪投入当前的事情中，专心致志就能做完许多拖延下来的事，忧虑心理必然会消失，慢慢就形成一定的行动惯性。

比如，整理屋子是很多人都比较不喜欢的事情。可是，你不会看着又脏又乱的屋子而无动于衷吧？你越拖延，厌恶感越强，做起来越烦躁，就越不愿意做这件事。所以，不如趁厌恶感还未滋生前或比较弱的时候赶快行动，拿起清洁工具简单地整理一下。当发现房间变干净时，你的心情自然会变好，你就想再继续整理一会儿，这样很快就能使房间清洁，一切便会井然有序了。

当然，克服拖延最关键的是增强自制力，只有当自己有愿意改正的动力时，你才能舍弃暂时拖延带来的放松，愿意为日后的幸福忍受眼前的痛苦。

02

别把机会葬送在"犹豫"上

很多时候,我们不是缺少机会,而是缺少抓住机会的自信和勇气。

面对机会,我们总是犹豫不决,结果致使许多好机会都白白溜走。

孔山是某商贸的一位销售员,他能力中等偏上,工作也勤勤恳恳,但却一直活得平平庸庸,主要原因就在于,他做事时缺乏果断,总是犹犹豫豫。

和客户谈判时,本来进展很顺利,孔山却反反复复考虑,"我的定价会不会低了?""我要不要再提高一下价格?但如果我提价的话,对方还愿不愿意和我合作?"……考虑来考虑去,客户不愿同他搞"拉锯战",就拂袖而去了;一次单位提供给孔山一个出国留学的机会,但孔山心里又开始了痛苦的思想斗争,"留学对于个人成长是好事,但如果我到国外留学的话,近年升职的机会就不太可能轮到我了,怎么办?"……走还是不走?走可能得到什么?走可能会失去什么?其实权衡利弊也对,可孔山每天想来想去,就是拿不定主意。见此情形,老板便将出国机会给了别人。

深思熟虑的确相当重要,这样可以避免错误行动。然而犹豫不决没有实际用处，只会让你在瞻前顾后中裹足不前，搞得人精疲力尽不说，还会大大拖延做事效率。这是一个竞争激烈的时代，好的机会、工作、人才等都是要靠抢的，当你思虑过多时，钱就会被别人赚走了，机会就会被别人抢完。

扎克伯格是全球最年轻的亿万富豪、Facebook创始人，他爱穿灰T恤、生活简朴、热衷慈善，他成功的秘诀，就在于做事不犹豫。

传闻，扎克伯格被女友甩掉时生出一个做社交网站的想法，于是他当晚怒敲代码，然后只花了6个小时，便完成了Facebook "社交网站"的设计、开发。当时同在哈佛就读的文克莱沃斯兄弟也有这样的创意，但当他们还在构思时，扎克伯格的Facebook已经上线了；当文克莱沃斯兄弟发出律师函，等待扎克伯格回音时，扎克伯格已经宣布http://thefacebook.com进入耶鲁、哥伦比亚和斯坦福；当文克莱沃斯兄弟去找哈佛大学校长萨默斯告状时，扎克伯格的Facebook已经覆盖全美国29所学校，拥有7.5万注册用户；当文克莱沃斯兄弟开始着手做产品时，扎克伯格的Facebook已经搬到硅谷，覆盖了美国和欧洲的160所学校，注册用户30万……

促成扎克伯格与文克莱沃斯兄弟日后巨大差距的原因是什么？正是扎克伯格的高效率。面对"社交网站"这个足以带动全球性革命的idea，文克莱沃斯兄弟迟迟不肯动手，而扎克伯格呢？出现想法，下一秒立刻抢着去做！出现问题，下一秒抢着立刻解决！对，就是下一秒，甚至连下下一秒都是晚的。

高效率，就是当机立断，说干就干。

网上有一篇刷爆朋友圈的文章——一个不犹豫的人是怎样生活的？

当你还在犹豫是不是该六点起床时，已有人在凌晨四点起床阅读。

当你还在犹豫是否要跑步时，已有人直接换上运动装下了楼。

当你还在犹豫要不要追求心仪的男生／女生时，已有人牵起了对方的手。

当你还在犹豫要不要减肥时，已有人从140斤减到了98斤。

当你还在犹豫是不是每天坚持写1篇文章时，已有人写了100篇原创文章。

当你还在犹豫什么时候开始学英语时，已有人对答如流地与老外交流。

当你还在犹豫什么时候开始学理财时，已有人小试牛刀收获了少许外快。

当你还在犹豫要不要报名参加马拉松时，已有人在跑道上开跑，而你却错过了报名时间。

当你还在犹豫要不要去法国旅行时，已有人乘飞机抵达巴黎。

……

如果你还在犹豫不决，坐失良机，你想过结果吗？

那么，如何才能够当机立断呢？这正需要高效的整理方法。

为什么会犹豫不决呢？我们常误认为这一心理冲突来自客观世界，但事实上它们来自我们"本身"，来自我们自身的价值观。"鱼，我所欲也。熊掌，亦我所欲也""这个不错，那个也不赖"……如果对所面对的事情没有清晰化、理性化的认识，你就很容易"陷进去"。因此在处理较为重要的事情之前，你最好要整理自己所面对的内容，明确自己选择的目标，想清楚自己想要什么。

我们大概都听过"断尾求生"的故事：遭遇敌害的时候，壁虎通常会弄断自己的尾巴，让那条断尾继续跳动，分散敌人的注意力，以便让自己逃脱。如果它犹豫不决的话，那么最终的结果就不是少了条尾巴，很可能是送了命。况且，少了尾巴也没关系，不久之后它还会再长出来。也就是说，做选择和放弃时是痛苦的，但为了整体的利益，你必须拿出取舍的勇气和魄力。

我们接着来看看下面这则小故事。

一艘华丽的大船正行驶在平静的海面上，船长一面老练地操纵着舵手，一面愉快地和水手们讲着笑话。忽然，平静的海面发出一阵疯狂的喧嚣，剧烈地震荡起来，一道巨浪腾空而起。船长努力地控制着舵手，保持着船身的稳定，但是慢慢地随着风越来越大，雨越来越急，他开始感到沮丧与乏力。

"将我们的食物、设备等物资赶紧扔出去！"船长命令道。

"可是，我们吃什么？用什么？"有船员质问。

"听我命令，立即行动！"船长大声吼叫着。

海浪越逼越紧，波浪拍打着船身，那撞击声，像是在风中折断翅膀，让人感到绝望。船长果断地下令水手们弃船潜水。

这是一艘纵横万里的袭击舰，水手们对它喜爱极了，他们舍不得丢下它，有些犹豫地看着船长。船长见此，咆哮道："准备跳海，立刻！马上！"并率先跳了下去。

待所有人跳下大海后，这艘船就在风浪的重击之下断成了两截，沉没海底。幸运的是，船长和水手们游了不久就遇到一个小岛，之后他们又被一艘过往的商船救了起来，在这场几十年不遇的灾难中居然无一人员伤亡。

因为船长的沉着镇静、机智果断，一群人幸免于难。

所以，在下一次犹豫不决时，告诉自己，与其犹豫不决，不如直接行动。想清楚自己想要什么，选择重中之重，及时做出取舍，其余的无须犹豫。你会发现，这种果断的性格、利索的行为，会无形中形成一种井然有序的氛围，会大大提高你做事的效率，成功的概率自然也会大得多。

03

浪费时间的祸首——"找找找"

新的一周开始了，苏莉来到办公室准备开始一天的工作，她刚一坐下，经理就过来嘱咐苏莉将上周做的策划案交到办公室。苏莉记得上周五下班时将做好的策划案放在了办公桌，但一看到自己的办公桌，她就开始唉声叹气了。几本杂志和图书横七竖八地堆放在上面，拉开抽屉，笔、纸巾、零食等，摆得到处都是。

"咦？到底去哪儿了？"苏莉开始在办公桌上四处翻找，几张纸唰啦啦地散落了一地，但都不是那个策划案。苏莉开始翻腾抽屉，不想，抽屉突然掉了出来，笔、纸巾、零食等全撒了出来……看着经理不满的表情，苏莉既尴尬又抱歉。半个小时过去了，苏莉终于在一本旧书里翻到了策划案……

苏莉的情况你遇到过吗？当你需要一件东西时，却怎么也找不着，如上班要迟到了，偏偏就是找不到车钥匙；下雨了，却找不到雨伞放在哪里了；领导让找点资料，你把办公室翻了个底朝天，就是一无所获；会议马上开始了，文件却不翼而飞……你无须为此赧颜，因为这种情况在很多人身上上演着。

利兹·达本波特在其畅销书《致办公桌总是乱七八糟的你》中提及，一名普通上班族一年花在找东西上的时间大概有150个小时。按照一天工作8小时计算，细算一下，我们一年中有将近19天的工作时间浪费在找东西上面。5年、10年……计算下去，这将是个十分可观的数目。

"找找找"，这是浪费时间的祸首，会大大影响我们的做事效率。如果我们能让所有物品都一目了然，想用的时候一下就能拿到，把这些时间充分利用起来，也就意味着能在有限的生命里做更多有意义的事情。读一本有用的图书，看一部经典的电影，多多提升自己，升职加薪就不远了。

那么，究竟是什么原因，导致我们把很多时间浪费在找东西上了呢？很显然，这在于我们没有及时做好整理工作。比如，桌子上的资料如果不及时整理，事情、物品就会越积越多，桌面乱七八糟，没有条理，时间长了，就很难再下手整理。一旦需要用的时候，就会手忙脚乱，毫无头绪。

所以，想改变"找找找"的窘境，我们就要学会整理。

具体该如何做呢？——给每件东西一个固定位置。

整理的最佳状态就是需要的东西和信息随时都能找得到，如果仅仅是东西摆放得整整齐齐，但弄不清楚东西放在哪里，无法随手取到，这样的整理就没有意义，也不会带来高效的做事效率。所以，首先不要记东西究竟放在哪里，而是东西应该放在哪里，这一个规则非常重要，也非常简单。

在职场上，我们每个人都有一个固定位置，东西同样也是，一定要摆在恰当的、固定的位置，并且用完东西千万不要随手乱放，要立即整理回原位。如此，你就不会为不知道把东西放在哪儿而苦恼了，也可以避免要用的时候找不到东西的情况发生。

将钥匙、书本文具、饰品等乱七八糟的小东西放在一个小盒子里，以后一直放那里。

将洗发液、香皂、牙膏等洗漱用品找到固定的放置地点，用毕归位。

检查自己的衣服，脏的放入洗衣机，干净的放入衣柜，不要到处乱放。

在装东西的抽屉和箱子外面可以写上所放物品的名字，或是放上清楚的记号，一目了然。

……

整理的一个基本原则，就是方便取拿。所以，物品经常使用的地方，就是归纳的好地方。

砧板、锅盖、塑料碟可以竖起来，就近收纳在水池下面。

玄关除了放鞋，还可以放雨伞之类的外出用品，需要时可以直接拿了就走。

……

当然，你也可以根据自己的使用习惯来确定，从而达到快捷便利的目的。

请注意，人都是有惰性的。"之前放在哪儿了？我忘了，那就先放在这里，待会儿再收拾！""原来放的地方太远，再放回去太麻烦了"……因为种种懒惰的理由，于是把东西随手放，这样的经历你有吗？普遍问题是，如果你很快又要用这个东西还好，否则往往是下次要用的时候已不记得放在什么地方了。

固定摆放，用毕归位。刚开始，你可能会觉得麻烦，对整理有拖延心理。为此，你不妨每个月定一个整理日，在每个月抽出一天中的几个小时进行整理，以后慢慢循序渐进，负担就会越来越轻。你也会发现，你不会再满世界乱翻乱找东西了，一旦需要什么东西，也能快速地找到。

04

远离"白日梦",拒做"空想家"

不少人说,"总有一天,我会去世界尽头""总有一天,我会有一家自己的书店""总有一天,我要环游世界""总有一天,我会成为最棒的自己"……可在说完这些期盼之后,不少人往往又会这样做,"我先看会儿电影""我先发会儿呆",将想法变成了可紧可慢的事情,甚至远远搁置脑后。

这恰恰是人们失败的原因——想得太多,做得太少。

有个男孩在一个作者群里很活跃,经常跟别人讨论一些写作计划与技巧,一天他在网上询问一位知名作家:"老师,我很想出书,可就是下不了笔,怎么办?"

作家问:"你为什么下不了笔?是不是因为没有构思好?"

男孩发过来一个文件,说:"我早就拟好了大纲。"

作家看了下这个大纲,内容主要是关于青年人创业的,有几个点写得还不错,于是就鼓励他:"你写得还不错,按照这个大纲写下去。如果有需要的话,我可以给你把把关,还可以帮你联系几个出版社的朋友。"

男孩说了几句感谢的话，称以后再联系，就下线了。

后来等了很久也没动静，渐渐地作家都快忘了这回事，结果在另一个群里看见这个男孩跟别人聊写作计划，说得慷慨激昂，于是忍不住问："上次说的那个写作计划怎么样了，我还等着看你的文章呢。"

男孩回答："哎呀，最近我工作比较忙，经常加班，那个写作计划只能推迟了。"

作家直接回道："那你可以晚上写，或者周末休息的时候。"

男孩说："晚上回家做饭吃，忙完就很晚了。周末还要逛街买东西，更没时间了。"

作家又说："其实也花不了多少时间，你可以每天抽时间写几百字也行。"

男孩说："写作又不是简单的事，有时我也没有思路。"

总之，作家每说一句话，男孩总有解释的理由。结果是，男孩迟迟没有实现作家梦。

短短的故事，却蕴含着深深的道理，那就是：如果不付诸行动，梦想再美都白搭。

关于这一点，有人曾总结出一个公式：$0+0+0+0+0+0+0+0+0\cdots+0+1=1$。

0 代表空想，1 代表行动。一百个空想家也抵不上一个实干家！因为，想法不会产生任何的实际价值，只会白白占据我们大脑的空间，有时大脑还会被"目标已经完成"的感觉欺骗，让你对自己感觉满意，进而缺少动力去付诸行动，这就是为什么那些整天大喊减肥的人往往瘦不下去的重要原因。

"行胜与言""言必行，行必果""说到不如做到"，这些话都是说要想做成某件事，并不是说说而已的，是需要行动去实现的。这就需要我们将想法进行整理，真切地落实到行动中。那些取得过成功的人都知道：将想法合理整理，快速高效的行动，决定我们的做事效率和成就，是真正的成功之道。

高倩和孙绢是大学同学兼舍友，她俩拥有一个相同的职业理想，即做一名电视节目主持人。毕业后，高倩充分相信自己在主持工作方面的才能，经常对别人说："只要有人给我一次机会，让我上台主持一次节目，我相信自己准能成功。"她不断祈求上天赐给自己一个机会，等待了半年多的时间，机会也没有光临。她又开始将梦想寄托到父母身上，"如果我父母是电视台领导多好，我就可以直接上岗了……"就这样，她等了一年多的时间，也没有进入电视台的机会。

孙绢则不同，她不像高倩那样无休止地幻想，而是跑遍了本市每个电视台，但都因没有工作经验被拒绝，但孙绢没有像高倩一样陷入空想，她在人才市场、报纸上、网上等四处寻找并整理招聘信息。后来，孙绢在网上看到某县电视台正招聘一名实习主持人，那个县城在山区，偏远荒凉、经济落后，可孙绢已经顾不了那么多了，她想：只要能和电视沾上边，能让我主持节目，让我去哪里都行。孙绢这一去就是一年，在这一年的工作时间里，她积累了丰富的工作经验，主持能力也提高了不少。当她再次到市电视台应聘时，轻而易举就成功了，并逐渐成为一名著名主持人。

比想一件事更好的选择是什么？永远都是"去做"。

碌碌无为与成绩斐然的差别，就在于是选择说，还是做。

所以，我们要远离"白日梦"，拒做"空想家"。无论有多高的天赋、多丰富的资源、多聪明的头脑，只有将想法合理整理，想着应该怎么做，不断地付诸行动，你就能克服现实中的种种困难和挑战，保证自己做事快且高效。

05

突破思维惯性，善用"创意整理术"

在做一件事情时，你是否常常四处碰壁，丝毫不见进展？是否时常感觉疲累，甚至毫无头绪？……此时不少人会怨天尤人，消极怠工。殊不知，有时是一堵堵思维的"墙"，把你与高效和成功的人生隔开了。

这听起来似乎很难懂，下面举例来说明。

一家国际500强公司招聘一名高级市场策划经理，白瑶经过重重激烈的比拼杀出重围，进入最后的面试环节。白瑶十分珍惜这次机会，并为此做足了准备。出人意料的是，面试官在面试时并没有提多少问题，而是直接给白瑶发了一套白色制服和一个精致的黑色公文包，然后说："请换上公司的制服，带上公文包，五分钟后再来参加面试。我要提醒你的是，你所穿的制服上有一小块黑色的污点，而我们要求员工必须着装整洁，怎样对付那个小污点，就是你的考题。"

白瑶立即飞奔到洗手间，拧开水龙头，撩起自来水开始清洗那块污点。洗了一会儿，污点是没有了，可前襟处被浸湿了一大片，而且看起来皱皱巴巴的。她本想用烘干器对着那块浸湿处烘烤，但眼看五分钟马上过去了，她只好穿着湿漉漉、皱巴巴的制服跑回办公室。面试官坐在办公桌后面微笑地看着白瑶，并问道："如果我没有看错的话，你的白色制服上有一块浸湿处，是清洗那块污渍所致吗？"

"是的，"白瑶诚恳地说道，"我将那块污渍洗干净了，但还没来得及烘干。"

最后，白瑶落选了。白瑶不甘心地追问面试官不选择自己的原因。面试官微笑着回答道："你为什么要浪费时间和精力清洗那块污渍呢？别忘了，我们还给你提供了一只黑色公文包，你大可把它放在前襟上，直接遮住那块污渍。很抱歉，我们这个职位要求有想法、有创意的人，显然你并不符合。"

这个案例的寓意是深刻的，启示我们一个道理：一般情况下，惯用常规的思维方式，可以使我们在思考同类或相似问题时，省去许多摸索和试探的步骤，不走或少走弯路。但这样的思维定式往往会使人陷在旧的思维模式的无形框框中，难以进行新的探索和尝试，致使工作陷入困境。

你想改变低迷的现状吗？那就突破思维惯性，善用"创意整理术"吧。

创意是创造意识或创新意识的简称，它可以焕发创造积极有效的行动，让看似难以逾越的问题迎刃而解，可以让看似难以完成的工作顺利进行。

"司马光砸缸"是大家耳熟能详的故事，按照常规思维模式营救落水人的原则就是跳到缸里救人，实现"人水分离"。当时面对紧急险情，年幼的司马光无力将落水伙伴捞起，他利用一种创新性思维，果断用石头将水缸砸破，从而挽救了伙伴的性命。细细品味，是不是有一种豁然开朗的感觉？

那么，创意是如何来的呢？告诉你，创意是整理出来的，最根本的是你要做一个有心人，能够不断有意识地整理有关资料，思考、提炼、填充起整个创意。

为此，你不妨在平时多试着培养自己的发散思维。当面对一个问题时，多换几个角度想一想，考虑有没有其他的可能、其他的办法，凡事多问几个为什么，让思维任意向各处发散，就像车轮的辐条一样。答案越多越好，这样可以使思维变得更丰富、更灵活，令创新能力得到很大提高。

例如，砖头有多少种用途？你能想到的答案有什么？造房子、砌院墙、铺路、钉钉子、当武器打人、磨刀、垫东西或压东西，或者做成一件艺术品……人的思维空间其实是无限的，就像砖头一样，至少有亿万种可能的变化。只要我们在思维上灵活转变一下，就不会被惯性思维的框框困住。

在某一著名的商业街上，唐密经营着一家高级服装店，她既是店长，又是设计师。一天，唐密为一位顾客熨烫一条刚做好的高级裙子，结果一个不留神，将裙子的底部烫出了一个小洞，这真是太糟糕了。开始唐密想用同颜色的细线把破洞补上以蒙混过关，但一旦被顾客发现那就会砸了本店的招牌；那么干脆向顾客说明事实，真诚地道歉并赔偿损失，但这样无疑也会损害本店的声誉。

怎么办？唐密既焦急又苦恼，但她提醒自己一定要冷静地积极思考，将损失降到最低。

经过一番苦思冥想，唐密终于想到了一个好方法。接下来，她在那个小洞的周围又挖了许多洞，并精心饰以金边，为其取名"凤尾裙"，顿时这个裙子变得更精致、更华贵了。当顾客前来取裙子的时候，看到这条漂亮的裙子喜欢极了，她当即请求唐密再给自己做两条同样的裙子。消息一传开，不少女士专门前来购买这种"凤尾裙"，唐密的生意不但没因这次"事故"受影响，反而更加兴隆了。

唐密没有死钻牛角尖，而是脑筋转了转弯，另辟蹊径，使问题得到了极好解决。这样的思维整理术你能想到吗？这个故事又一次验证了：不要总想着正面解决问题，而是多角度地思考问题，往往可让看似难以解决的问题迎刃而解，让看似难以完成的事情顺利进行，这正是"整理"的目的。

也许，你的能力不是最优秀的，经验不是最丰富的，技术不是最熟练的，但当你开始尝试着突破思维惯性，善用"创意整理术"时，你的效率将比常人更高效，成就比常人更卓越。因为当一个人的想法无限时，人生也就充满了无限可能。

06

自省，让心房干净清洁

现在"累"成了很多人的口头禅，明明休息了很长时间，但很快就觉得疲劳不堪；有种莫名的心烦意乱，对什么事情都提不起兴致；对现状不满，却又无法改变，心事重重，不得自在；生活没有方向和目标，过完一天算一天……

活得累的原因是什么？究其原因，生活当中的"累"，是"心"对现实的种种主观感知。累，主要的还是心累。

有一个哲人说"人是最会制造垃圾，污染自己的动物之一"。的确，世上有很多无奈苦恼的事，我们很难摆脱；世上有太多的忙碌紧张，我们无法逃避……当深陷其中时，内心就会滋生出诸如欲望、浅薄、浮躁、烦忧、痛苦等无形的"垃圾"，沉重得让前进的阻力越来越大，令身心不堪重负。

对此，我们应该做出什么样的改变？最佳的方法是自省！自省，顾名思义即自我省悟、自我检查、自我解剖，这是一种对自我的整理能力。

高明是国内一位著名的心理师，他曾组织过一场名为"90天挑战营"

的活动，在辅导一位学员时，他带对方观看了一场为该学员专门编导的电影短片。这部短片记录了该学员自参加 90 天挑战以来的心路历程，有刚上路时的兴奋，有困难频频出现时的自我怀疑，有陷入丛林中的迷失，有为了梦想的坚守……

看完之后，高明问学员："从电影中这个人身上，你看到了什么不足？"

"过于乐观，轻信一些事情，做事时考虑不周，以至于有一种暗无天日的烦躁……"

"假如这个人不做改变，会有什么后果？"

"如果继续这么下去，除了焦虑、压力之外，多少还会厌世。"

"你会给他什么建议呢？"高明继续追问。

"经常要自我反省，在反省中清醒，在反省中明辨，在反省中睿智。"

令人可喜的是，短短半年内该学员就发生了显著变化……

可见，自省是自我动机与行为的审视与反思，用以清理和克服自身缺陷；自省是一种积极有为的手段，人通过自省可以很好地净化心灵，使心灵归于平和、平静，这是我们提高做事效率的有效方法。可以这样说，自省是一个人走向成熟与成功的必由之路，在很大程度上影响着你的前途和命运。

相信每个人都有过打扫房间的经历，每当整理好自己最爱的书籍、资料、照片、影碟、画册、衣物后，你会发现：房间原来这么清亮明朗，自己的家更可爱了！心灵的房间也是如此，如果我们勤于清扫自己的"心地"，该扔掉的扔掉，该放下的放下，该归整的归整，心房一定会干净清洁。

不过，清理有形的垃圾容易，而清理人们内心的无形垃圾却不那么容易，因为我们往往不知道怎样去做才好，又不确定哪些是想要的。想要好好整理，却又感到无从下手。的确，清扫心灵充满着未知与矛盾，挣扎与奋斗。不过你要明白，没有人规定你必须一次扫完，你一点点地去清理即可。

花瓶里的花，只有时常换水，才可以保持花的新鲜，身心的清净也是一样的道理，在于不断的清扫，在于每日的自省。对此，国外著名灵性作家杰克·康菲尔德在其著作《智慧的心》里说过这样一段话："你每天都会检查自己的物资是否充分，会去看冰箱的食物够不够。那你何不检查自己看待事情的心态，审视自己的内心？要知道，审视自己的心灵是人生重要的功课！"

为此，你不妨每天选择十分钟的时间，静心思考你想要解决的问题，或是近期一直困扰你的问题，"我现在的心态好吗？是否有利于自身发展？我需要做出怎样的改变？""我现在办事的效率高吗？需要做出哪方面的提高？""我追求的目标恰当吗？我的处事方法合理吗？是否需要约束自己？"……

整理自身的知识和经验，整理自身的经历和人际关系，整理自身的生活状态，通过不断地自我整理，将欲望、浅薄、浮躁、烦忧、痛苦等污垢清洗，你将从里到外感到清爽、透亮、爽快。坚持这样做下去，你的心灵将变得更有力量，自身能量收放自如，你的人生一定会远离平庸、浮躁和低效。

07

抱怨是最无用的且浪费时间

珍妮在一家连锁蛋糕企业做企划工作，由于公司平时的活动很多，所以这份工作特别忙，珍妮会特别卖力地干活，可以起早贪黑，但是每一次活动她一定会跟周围的人抱怨自己很辛苦，自己做了什么事，抱怨干活多工资低等。本来领导对珍妮的能力挺认可的，但因为总是能无意间听到她的四处抱怨，所以对她的印象大打折扣。就这样，珍妮的工资一直不见涨，她也一直抱怨着……

除了工作，珍妮每天任劳任怨地照顾全家人的起居饮食，她的老公也是非常好的男人，工作认真踏实，每天准时上下班，还经常督促孩子们做功课。按理说，这样的好女人和好男人组成一个家庭应该是世界上最幸福的了。可是，珍妮在家中也总是抱怨不停，经常喋喋不休地向老公大吐苦水，比如抱怨有些同事凭什么晋升得比自己快，抱怨老公挣钱能力不如某某同事的老公，等等。结果是，老公回家的时间越来越晚，越来越少了。珍妮不知道问题到底出在了哪里，委屈又伤心。

第 1 个习惯
找出效率低下的根本原因

后来，珍妮又开始和朋友们抱怨，无论大家去哪里玩，在什么时间，她都会喋喋不休地抱怨自己的工作和生活。起初一个同学还经常安慰她，为她出主意，但她总在没完没了地抱怨，似乎无论什么时候，她都会有许多不开心的事。后来大家只能默默地听着，该吃吃该喝喝，不做任何发言，因为该说的话已经说了，已经完全不知道该说什么了。再后来，大家再聚会的时候，都要考虑下要不要叫上珍妮。甚至大家见了她，都会故意躲开。就这样，珍妮不知不觉变成了一个孤家寡人。

珍妮为什么会陷入如此悲惨的处境？因为抱怨。很多事实证明，并不是失败使人抱怨，而是爱抱怨的行为方式使人总是失败。

我们都希望有一个平稳的环境，一切事务打理得井然有序。但人生不如意事十有八九，于是不少人开始了抱怨。然而，抱怨只是一种情绪的发泄，于事无补，不停地抱怨，只会放大原来的烦恼，使心情更加灰暗、更加抑郁、更加沉重，让自己越来越泄气，让别人越来越心烦，让情况越来越混乱。

在上街的时候，泰格太太不小心丢了一把雨伞，就因为这一件小事情，她一路上不停地责怪自己："我怎么如此不小心，如果我多留点心的话，或许雨伞就不会丢了。"等回到家之后，泰格太太才发现，由于刚才太专注丢失的那把雨伞，她在仓促与不安中居然一不小心把钱包也弄丢了……

这个故事告诉我们，当事情发生的时候，抱怨并不会解决问题，与其抱怨还不如改变。的确，当我们抱怨的时候，这些事情被不停地提及，在大脑中占据空间，这就增加了头脑的负担，造成了心理上的焦虑和紧张。当心理处于混乱状态时，自然就没有多余的精力应付现状，如此就形成了一种恶性循环。

这和房间的整理是一样的道理，当房间里杂乱无章的时候，如果我们只是站在原地不停地抱怨，房间能变得整洁起来吗？不会！只有我们改变不整理的习惯，动手整理起来，才能使一切变得井然有序，不是吗？所以，如果你希望改变自己现在的处境，那么就停止毫无意义的抱怨，从现在开始改变。

顾漫在一家文化策划公司上班，她对自己现在的工作非常不满意，经常愤愤不平地对朋友们说："工作这么多年，仍然干杂七杂八的小事，我真倒霉！""我的工作一点意思也没有，没完没了的加班、福利低、管理不善、氛围糟糕""老板也不把我放在眼里，如果再这样继续下去，我就辞职不干了"……

一次当听到顾漫的种种抱怨时，一位朋友问道："你对公司的业务流程熟悉吗？对于你所做的策划工作完全弄清了吗？"

"没有，我懒得去钻研那些东西。"顾漫漫不经心地回答。

"那我建议你先静下心来，抱着一种学习的态度，用心地对待自己的工作，好好地把公司的业务技巧、商业秘诀和公司运营完全搞通，甚至包括签订合同都弄懂了之后，再做决定，这样你可能会有许多收获。"朋友说，"你将公司当作免费学习的地方，学会之后再一走了之，不是既有收获又出气吗？"

顾漫听从了朋友的建议，改变了往日散漫的习惯，对待工作很是用心，常常下班后还在办公室里研究文案写法。半年过后，顾漫不再经常和朋友抱怨，而是说："我觉得这份工作还是挺有意义的，现在我会的东西越来越多，老板对我渐渐刮目相看，最近更是对我委以重任，我成了公司里的红人。"

顾漫的待遇为何发生了改变呢？是她所在的公司不一样了吗？是她的老板换人了吗？不是！公司是同一家，老板也没有变，是顾漫自己发生了改变，以前她对待工作自由散漫，因此不被老板重视和重用，而后来她不再消极抱怨，工作积极主动，能力日益提高，老板自然对她刮目相看，委以重任。

抱怨是最无用的且浪费时间，只有真正积极地行动，才能处理好眼前的各种不如意，使一切变得井然有序起来，这也是我们提高效率、获得成功的明智之选。当然，一开始你可能会觉得这样做很不容易，但当你体验到这一行动所带来的"整理"效果时，你就能一如既往地秉持这种态度去做事了。

08

整理最忌讳半途而废

有一则故事曾在世界各地广为传诵，讲的是一个美国人带着铁锹在一片空地上挖井找水，他在地上挖了很多坑，深浅不一，可是他一滴水也没有找到。万般无奈之际，这个人只好怏怏地离开了。后来又来了一个人，他决计先选一个小坑碰碰运气，结果他只挖了几铁锹，就挖出了水。

之所以提及这个故事，是因为生活中有些人虽然有志于学习整理，但却总是浅尝辄止，总是半途而废，以至于徒劳无功，甚至一败涂地。

许诵最近心血来潮，想整理一下电脑里的磁盘。由于没有其他工具软件，他便使用Windows XP自带的磁盘碎片整理工具凑合整理了一下。C盘和D盘占用的空间很小，所以整理起来速度很快，也很顺利。接下来是E盘，许诵大部分的软件和资料文档都放在这里，足足有20GB。由于E盘实在太大，再加上Windows XP的整理速度比较慢，许诵整理了一会儿之后，便没有了耐心，就没有再继续下去。

等下次开机时，Windows强行要扫描磁盘，并显示出E盘有整屏的错误，大意是说文件连接有问题。这是怎么回事呢？许诵一问同事才得知，Windows XP 这类磁盘工具软件一般是不能中途退出的，如果因为意外情况退出，就可能导致操作系统无法辨认，造成非常严重的后果。许诵赶紧进到系统，一看，发现总共只有 8GB 的文件了，下载的资料丢了大半，很多程序也运行不了。

许诵这次"血"的经验教训，给我们提了一个醒：整理最忌讳半途而废。

是什么原因导致我们总是半途而废呢？很简单，就在于我们付出了努力后，却看不到整理的成果，无法实际感受到整理的效果。所以为了让整理能够成功，就必须用正确的方法，在短时间内确实做出效果。一口气正确地整理完毕，结果立现。如果能够持之以恒的话，就将一直维持在整理好的状态。

当然，要做到这一点，不但需要实力和本事，更需要沉下心去，够努力，够专注，聚焦一个方向，成功才会有实现的可能。

阿明和阿岳同在一个私人的生物研究所里工作，这天两人在投资方面前争吵不休，是为一个成功研究出来的项目的奖金问题。

项目的研究本来是给阿明的，但是经过一段时间的研究之后他发现不管自己怎么努力，研究都好像卡在一个瓶颈上，进行不下去，所以他只好找到研究所所长，将项目暂停，时间一长，他自己就将研究的事给忘了。这时候，阿丘提出自己想出了突破难题的办法，重新研究起这个项目，原来当时阿岳是阿明的助手，阿明的每一步研究他都看到了，所以对项目的进度也非常了解，在阿明遇到瓶颈之后，阿岳也一度陷入迷茫，但是项目不得不停止之后，阿岳的研究却没有停止，他经常一个人走进项目研究室，继续潜心地研究，仔细地进行分析，终于用另外一种方法将项目研究出来了。

　　当项目上报的时候，阿明和阿岳就因为这件事起了争执，阿明说如果不是自己前期的潜心研究，阿岳根本不可能成功地研究出来，阿岳反驳自己并不是用阿明的研究思路进行的，所以成果应该完全属于自己。

　　看着眼前不断争吵的两人，投资方打了个噤声的手势，他说："你们不要争了，奖金是阿岳的，因为不管阿明你多么努力，但是你最终还是没有坚持下去，你提供的研究资料都是很浅显的，这不是我想要的结果，而阿岳，不管他用的是什么手段，只要他能给我我想要的，我就会给他他想要的。"

　　如果没有坚持做出一个完美的结果，过程再怎么曲折动人也不过是赚取人们同情的眼泪罢了。"行百里者半九十"，这是老祖宗给我们的忠告。所以，整理的时候要做到善始善终，一口气正确地整理完毕，结果立现。如果能够持之以恒的话，就将一直维持在整理好的状态，如此做事自然高效。

　　在整理过程中，当走入困境的时候，当遇到困难的时候，不要心生畏惧，不要轻言放弃，是最应该持有的态度。越是困难的时候，越是坚持不懈，才能比别人做得更好、更快，最终激励出最强、最好的自己。切记，无论在什么时候，无论在什么场合，人们青睐的永远是那个给出结果的人。

第 2 个习惯
审视和调整你的行为方式

01

要么不做，要做就认真做

对于整理，相信每个人的初衷都是想做好的，但是出现的结果却不尽相同，这其中的原因有很多，有些是我们不能逾越的，比如天资，但更多的是我们自身的原因，比如态度。

著名学者季羡林先生在回忆录《留德十年》里讲了一个故事：

1944年冬，盟军完成了对德国的铁壁合围，法西斯第三帝国覆亡在即。整个德国经济崩溃，物资奇缺，老百姓的生活陷入严重困境。对普通平民来说，食品短缺就已经是人命关天的事了，更糟糕的是，由于德国地处欧洲中部，冬季非常寒冷，家里如果没有足够的燃料的话，根本无法挨过漫长的冬天。

在这种情况下，各地政府默许老百姓上山砍树。不过在砍树前有个要求，就是先由林业人员在林海雪原里拉网式地搜索，找到老弱病残的劣质树木，做上记号，再规定：如果砍伐没有做记号的树，将要受到处罚。

在有些人看来，这样的规定简直就是个笑话：国家都快要灭亡了，谁来执行处罚？

不过令人不可思议的是，直到第二次世界大战彻底结束，全德国竟然没有发生过一起居民违反规定砍伐无记号树木的事，每一个德国人都忠实地执行了这个没有任何强制约束力的规定。

就是这种自觉认真遵守纪律的态度，让战后的德国迅速恢复秩序并得以重建。

这个故事的核心内容只有两个字——认真。在做整理的过程中，认真是一种必备的态度，是一切成功的前提。我们可以不是非常聪明的，但一定要是认真的，因为倘若敷衍了事，不但容易引发混乱状态，而且后续必定陷入崩塌。

所谓认真，就是严谨到百分之百，绝对不敷衍了事，绝对不粗制滥造。

一个哲学家、一个物理家和一个数学家在维多利亚度假时，看到田地中有一只黑色的羊。

"天啊，"哲学家叫道，"所有的维多利亚羊都是黑色的！"

"不，"物理家反驳说，"只能说某些维多利亚羊是黑色的！"

"你们太不严谨了，"数学家指责道，"事实上，我们只能说在维多利亚至少存在着一块田地，至少有一只羊，这只羊至少有一侧是黑色的。"

也许你会笑话数学家的"固执"，但千万不要忘记，细心严谨的人是世界上最精细、最理性的人，经常会成为直击成功并长盛不衰的人。他们做起事来一丝不苟、小心谨慎，很少会"四处乱撞"；他们思维缜密，思虑周全，不容易犯错误……

在哈佛大学，每一个学生都会从老师那里听到这样一个告诫：如果你想在进入社会后，在任何时候任何场合下都能做好事情，就要养成细心严谨的性格。在哈佛，老师们对学生的要求非常严格，评分的标准几近苛刻，得"A"的永远是极少数（据说是 10%）。写论文时，老师不限学生研究什么，但要求学生严格遵守学术研究的规则，参考资料必须注明出处，一旦发现抄一句话都是抄，马上就开除学籍。这种严谨的教学方法，迫使学生们养成了严谨的性格，做事时一丝不苟。

当代著名的地理学家、气象学家和教育家竺可桢，就是因此受益匪浅，走向了成功人生。

1913 年至 1918 年期间，竺可桢在哈佛攻读硕士和博士学位，所学专业是气象学。在学校严谨的治学环境下，竺可桢自然地养成了严谨的性格。那时候他有写日记的习惯，其中又主要记录了气象研究的各种资料。除 1936 年以前的因抗战散失外，自 1936 年至 1974 年逝世，共计 38 年 37 天，其间竟然一天未断！这些日记页页都是小楷，一丝不苟，共计 800 多万字，记载了每天的天气和气候。直到去世前一天，他还用颤抖的笔在日记本上记下了当天的气温、风力等数据。

事情可以做好，也可以做坏；可以认真地做，也可以懒散地做。环顾我们周围，大而化之、马马虎虎的毛病随处可见。好像、几乎、似乎、将近、大约、大体、大致、大概、应该、可能等成了很多人最常提及的词语。殊不知，任何工作都要求 100% 精细，1% 的失误也会带来 100% 的失败。

这里有一组详细的数据，可能会让你大吃一惊。在美国，如果 99% 就够好的话，那么，每天大约将有 3056 份《华尔街日报》内容残缺不全；每年大约会有 25077 份文件被税务局弄错或弄丢；每年大约会有 11.45 万双不成对的鞋被船运走；每天大约会有 2 架飞机在降落到芝加哥奥哈拉机场时，安全得不到保障；每天大约会有 12 个新生儿被错交到其他婴儿的父母手中……

"慎易以避难，敬细以远大。"细心是减少错误的最好方式，是提高效率的可靠保障，也是获得成功的有效途径。

当工作陷于困顿，当能力发挥不足，试着认真地进行整理，将"认真"融入行动并形成习惯。所谓态度决定一切，世上万事最怕的就是"认真"二字，看起来不可能的事情，只要你认真去做，就能化难为易，就没有办不成的事。

02

整理，不需苛求完美

在整理房间时，不少人会遭遇这样一种窘境，收拾起散落一地的课本，丢掉堆在桌上的文件，紧接着又去整理抽屉里的文具……当书桌周围变得整齐时，又看着书架上的书摆放不整齐，于是重新去排列和分类……总之，一开始整理就停不下来，看哪儿都该整理，结果陷入"整理不好"的噩梦。

为什么会出现这样的情况？

这是一种追求完美的整理心态所致，当你刚对整理有所感悟时，采用这种方法对改变现状确实有点作用，但如果你总希望自己的每一件物品都得到妥善整理，那就会得不偿失了。因为一开始就以完美为目标，会让人精神极度紧张而心情变得沉重，也会常常感到目标过高而信心不足，以致无法行动起来等。

林枫是一个追求完美的人，为此他做什么事情都不愿意匆忙开始，总是要准备很长时间，比如领导让他写一份报告，他会翻阅和查找很多资料，并且花很多时间认真研究这些资料，结果等他觉得差不多可以写报告时，时间已经所剩无几，此时心情焦虑，压力变大，最后因为赶时间将报告草草写完，领导总是不满意……

一次，林枫要去拜访一位重要客户，他不仅将产品的种种信息熟记在心，而且事先了解清楚了客户企业的情况，包括客户企业的发展历史、战略规划、产品线、营销策略、目前急需解决的问题，甚至包括客户的个人喜好等，以便准确把握客户的需求点，并想好过程中可能发生的各种情况的应对方案。结果，当林枫准备充分以后再去拜访客户的时候，总是发现已经被竞争对手捷足先登了。

林枫的案例简单又充满了启迪，你明白了吗？

在做事情的过程中，我们需要考虑方方面面，这样可在一定程度上降低出错率，但说到底整理不过是一种手段，它本身并不是目的。整理真正的目的应该是整理之后该如何更好地做事，不是吗？更何况，整理本来就无法完美。所以，当整理的手段已经远离它的实际意义时，你就要及时喊"停"。

那么如何判断整理这一"临界点"呢？在这里，提供给大家一个有效方法——运用计时器或闹钟，提前制定整理那些物品时你认为应该花费的时间。只要一到时间，不管是否完成了，你都马上停止，然后着手整理下一项工作。事后，检查一下整理成果，然后再以此为依据，调整一下时间或适当调整顺序。

在竞争异常激烈的今天，以高昂的情绪、在短时间内完成整理工作非常重要，其中的重点就在于先体验过一次整理的状态。

近藤麻理惠被誉为"日本新一代整理教主"，但她并不天生是一个会整理的人，那些年在上学考试前的一晚，她总是没办法静下心来念书，特别想要整理房间。于是她痛快地丢掉堆在桌上的讲义，收拾起散落一地的课本，然后一开始整理就停不下来……结果不知不觉就到了半夜两三点。这时才真正感到紧张，开始把精神拉回课本上，但看到房间不整洁，又实在读不下去书……"这是我本人的经验，甚至算是考试前一天的例行公事，"近藤麻理惠说道，"结果我的考试成绩总是不好。"

为什么会这样呢？近藤麻理惠一直以为是自己整理不好的原因，后来她发现，过去一直都整理不好，就是因为她总是追求完美的想法所导致的，注意细节，做事务求尽善尽美；追求秩序与整洁，对此有极高的要求，甚至苛求自己。后来，近藤麻理惠不再执着于将房间每一处都整理得完美，而且一次只花一个小时，"这样做了之后，我不再为整理烦恼，过上了安稳又幸福的生活"。

由于整理的原则不变，剩下的就取决于整理的人，也就是你追求的水准在哪里而已。不必苛求完美的整理，整理到一定程度就可结束。当你学会对那些无关紧要的细枝末节睁一只眼闭一只眼时，你就能用省下来的时间与精力关注生活的重心，集中精力做好那些重要的事情，如此岂不是更高效？

03

学会丢弃，东西有用才有价值

关于整理，日本杂物管理咨询师山下英子提出了一个"断舍离"的概念。所谓断舍离，就是透过整理物品了解自己，整理心中的混沌，让人生舒适的行动技术。

先问你一个问题，我们为什么要断舍离？

好，先停下来，自己想一想答案好吗？

没错，因为多。手机里的信息太多，回不过来；家里的摆设太多，用不过来；衣橱里的衣服太多，穿不过来；公司、家里、朋友间的事情太多，做不过来……这些越来越多的多，让我们逐渐失去对生活和自己的掌控感，感觉总是被外界的种种推着走，做事越来越没耐心，心情也越来越烦躁。

整理的最终目标是提高工作效率，一切妨碍工作效率的整理都是多余的。

断舍离，可以帮助我们重新找回对生活和自己的掌控感。其中，断即断绝不需要的东西，舍即舍弃多余的废物，离即脱离对物品的执着。可见，断舍离不是简单的扔东西，那是第二步。我们首先要做的是整理，整理自己的欲望，整理自己的情绪，整理自己的目标等，然后再决定哪些需要扔掉。

每个物品体现给我们的，其实是使用价值，能够满足我们的需要，有用的才是有价值的。只选择出有用的东西，整理就会变得轻松愉快。在市场规律中有一条"二八法则"，销售的20%的商品，带来了80%的利润，这也就是说真正有用或者重要的东西其实不多，我们只需保留精华即可。

麦克是某深山的一个勇者，为了做好一山的头领，他决定到海上的一座小岛拜师学艺。麦克爬过了几座大山，踏过了一片草地，又驾船穿过一片大海。他的鞋子破了，手也受伤了，流血不止，嗓子因为长久的口渴而沙哑。他背着一个大包袱，累得快要虚脱，他抱怨说命运太坎坷，总是不停地折磨自己。

这时一位长者出现了，问道："你的包袱里装的是什么？"

麦克回答："它对我可重要了，里面有我必需的生活用品，有我每一次孤寂时的烦恼，每一次受伤后的哭泣，每一次跌倒时的痛苦……"

长者听完安详地问道："你的力气实在是太大了，你一直是扛着船在赶路吧？"

麦克很惊讶："扛船赶路？它那么沉，我扛得动吗？"

长者微微一笑，说："你从那么远的地方，负了那么一大堆东西来，岂不有力？不就如同扛了船赶路吗？过河时，船是有用的，但过了河，就要放下船赶路，否则它会变成包袱。"

麦克顿悟，把包袱放了下来，顿觉步子轻松而愉悦。

这则寓言故事，不禁让人想起尼尔·唐纳·沃许在《与神为友》中写的一段话:"我不会抓紧任何我拥有的东西!我学到的是,当我抓紧什么东西时,我才会失去它,如果我抓紧爱,我也许就完全没有爱,如果我抓紧金钱,它便毫无价值,想要体验拥有任何东西的唯一方法,就是将它放掉!"

不会整理,你的时间就会越用越少;不会整理,铺天盖地的琐事就会包围你……如果你时常感到内心沉重、疲惫不堪,那么现在就需要检查一下是否过多的物品占用了你的时间和精力?清点一切,抛下废物,从而使工作变得更高效,使生活变得更精彩,使人生变得更简单、更充实。

爱琳·詹姆丝的身份很多,她是作家、投资人,也是地产投资顾问,密密麻麻事宜的日程塞满了她生活的每一分钟,令她忙碌而紧张,情绪整天紧绷着,身心疲惫。一天,爱琳·詹姆丝意识到自己再也忍受不了这种生活了,于是决定通过整理摒弃一些东西。该怎么做呢?爱琳·詹姆丝着手列出一个清单,把需要从工作中删除的事情都排列出来,然后采取了一系列"大胆的"行动。

爱琳·詹姆丝把堆积在桌子上的所有没用的杂志和信件全部清理掉,取消了一大部分不是必要的电话预约,她还打电话给一些朋友取消了每周两次为了拓展人际关系的聚会。通过这些有选择的舍弃,爱琳·詹姆丝忽然感到自己不再那么忙碌了,还有了更多的时间陪家人,有了更多的思考时间,因为睡眠时间充足,心态变轻松了,她的工作效率得到提高,身体状况也变得好了很多。

后来,在自己的图书作品中,爱琳·詹姆丝如此感叹道:"从来没有像今天这个时代让人类拥有如此多的东西,这些年来我们也一直被诱导着,使得我们误认为我们需要拥有这一切的东西,而事实上很多东西都是生活的累赘,我们沉溺其中只会心烦意乱。与其这样忍受折磨,不如舍弃。"

一个不争的事实是，大部分人拥有大量物品而不自知。的确，我们拥有的物品远远超过自己想象，而人的记忆力有限，很多东西一旦放到柜子深处，基本就会被遗忘。如果不清点，时间长了不是过期、过时了，就是买重了。浪费钱和物资不说，还占用了大部分空间，导致自身陷入一种混乱状态。

为此，整理工作是必需的。从整理的角度看，我们所有的东西可大致分为"需要""不需要"两类，这时候可以按照以下的条件简单分类：

需要的：

1. 你及家人经常使用的，而且之后还会使用的东西。

2. 虽然不经常使用，但是至少一年内偶尔会使用的东西。

3. 虽然你暂时不使用，但还是觉得不能扔掉的东西，尤其是你喜欢的东西。

不需要的：

1. 最近两三年间你及家人都没有用过，而且以后也不会使用的东西。

2. 坏掉的、没有使用价值的东西，如腐烂的水果、破旧的衣服。

3. 你不使用且不喜欢的东西。

通过这种整理方法，大部分的东西你都可以识别是否需要，当你尝试着只保留"需要的"，处理掉"不需要的"，你自然地会产生"自己所需要的物品都已齐备"的想法。如果这样你还是无法识别哪些东西是否需要，那你就将之放在醒目的位置，看三个月内你是否用到。如果没有，那就果断丢弃。

04

整理并不等于收纳

无论在什么场合，环境的整洁必然离不开收纳，而关于收纳，困扰很多人的一个问题就是——整理之后没多久就又恢复原样了。

其实这不是"问题"，而是不正确的收纳思维导致的结果。

M小姐最近正式展开了整理研究，具体来说就是反复地实践，从房间、客厅、厨房到浴室……每天在每个地方不断地收拾整理。有时她会像超市举办折扣日一样，自订"今天要整理这个食物柜""明天要进攻浴室的这个柜子"……然后，她会把里头的东西统统拿出来，整理一番，再整整齐齐地摆放起来。每次看着抽屉、柜子里井然有序的物品，她都会不禁陶醉好一阵子。

某天M小姐和往常一样做着整理，但她突然发现了一件事，"咦？我该不会在做和昨天同样的工作吧？"当时，她正在整理客厅收纳柜里的抽屉，虽然是和昨天不一样的地方，但整理的还是邮购化妆品附赠的样品、刮胡刀、备用刀片之类的东西。M小姐这才明显地发觉，自己正在把和昨天一

第 2 个习惯
审视和调整你的行为方式

样的东西，以一样的方式分类、收进盒子，再放回抽屉里，结果陷入一种东西永远都整理不完的混乱感。

M 小姐的整理方法看似很有逻辑，到底错在哪里呢？告诉你，这在于她是按"场所"整理，物品都是散放的，让整理变成了"藏匿"。

那么我们该如何整理才好呢？一个简单的方法是，按"物品类别"整理。什么是按物品类别整理呢？就是不要按照"今天来整理这个房间"，而是以"今天整理衣服""明天整理图书"的方式进行整理。我们所使用的物品种类繁多、看似复杂，但只要按照物品类别进行整理，就非常简单。

将物品大致分类后，基本整理顺序如下：

先从衣服开始，如果想要更有效率，建议把衣服先粗略分类，再一口气进行选择。衣服大致分类如下：上衣（T恤、衬衫、毛衣、打底衫等）、下半身（裤子、裙子等）、外套（夹克、西装、大衣等）、内衣类、配件（围巾、皮带、帽子等）、季节性衣物（浴衣、泳装等），包包、鞋袜也都归为同类。

把家里所有收纳的衣物集中起来，重点就是一件不剩全部集中起来，然后开始分类进行整理，衣柜中最好带有小隔断，可以用来放置常换洗的内衣裤。较深的抽屉，可以放置折叠好的T恤、衬衫。较浅的抽屉，放置折叠好的裤子和裙子等。外套用衣服撑子分季节挂好，过季的放到里面，常穿的放在外面。配件（围巾、皮带、帽子等）、季节性衣物（浴衣、泳装等），可以选择床底下的收纳箱。最佳的整理目标应该是，一拉开抽屉或箱子时，你一眼就知道哪里有什么。

再来厨房收纳，把常用的炒锅、汤煲、铲子、刀具等分类挂好，碗筷分类进收纳的抽屉。同时，用清洁用品清洗你所有的瓶瓶罐罐，把它们按材质、大小、高矮进行分类整理备用。

把小号玻璃瓶子用于储存调料，如盐、白糖、花椒、辣椒、碱面等。把中号的玻璃瓶子，一部分用于储存粮食，如红豆、花生、绿豆、黑米、芝麻等。另一部分储存液体，如酱油、醋、芝麻油、食用油等。容易混淆的，贴上小标签，排列整齐，可放在空余处，或放置冰箱，注意保质期的先后。

日常用品是生活中最常用的东西，包括书、本、笔，以及毛巾、肥皂、暖水瓶、洗脸盆、拖鞋、晾衣架，等等。接下来，多弄些小箱子或者硬纸袋，整理箱更好，按照物品种类来分类，学习用品分为一类、化妆品、洗漱用品等日用品再分为一类。日常用品还可以分为两类，一类是每天必用的物品，要方便拿取；另一类是以备不时之需的物品。

衣物、厨房用品、日常用品……我们之所以采用这样的顺序，是为了遵循先整理个人的物品再整理家庭成员公用物品的原则，这一原则的立足点就是明确的分类，如此会比较容易完成整理。当然，你可以根据个人的习惯选择先后顺序，切记整理在于把大大小小的东西，分门别类进行收纳。

大部分人在收纳物品的时候，会犯两个错误：
1. 习惯横放，占用很多水平空间，比如小的收纳盒一个个摆起来。
2. 把物品杂乱地扔进收纳箱，导致收纳箱有很多细空间没被利用。

而有效利用收纳空间的方式是——将物品直立摆放，充分利用垂直空间。将所有能直立的物品都直立起来，比如将书籍竖立摆放在书橱中。其实大部分物品都可以像书一样，找到属于它的直立状态，即使柔软的衣服都可以。

达到这个标准是比较辛苦的，但辛苦一次，日后的整理就容易多了。

05

你的"尽力"一文不值

　　在整理过程中，任何人都不可能一帆风顺，总会遇到这样或那样的困难。此时，不少人会习惯把"尽力"一词放在嘴边。整理的东西很多，任务很艰巨，你说"我尽力"；上级要求加班整理一个报表，晚上 12 点前出成果，你回复一句"我尽力"……而结果往往是，你的"尽力"一文不值！

　　实际上，很多人失败就是失败在"尽力"做事上。因为"尽力"多含一种被动的成分，在这种状态下人通常要靠外在压力做事，缺乏内在的动力，一旦碰到困难就以"我尽力了"的借口敷衍自己，甚至干脆放弃上进的努力，甘居下游……如此欠缺实现任务的勇气和志气，永远不可能成功。

　　博雅是一位讲师的助教，一次由于主办方人手不够，她临时被安排做主持，可博雅从来没有主持过，非常胆怯，跟讲师说："老师，您可不可以直接开始，我就不主持了。"讲师说主持实际上很简单，你只需去网络上搜索一下讲座的日常主持词，适当融入下课题内容，这个讲座就会显得比较正式。

博雅决定上网搜索一下资料，整理好文稿后拿过来给讲师看了一下。说老实话，整理得不太好，典型的初中毕业生的水平。讲师鼓励她再好好找一下，主持词一定要扣主题、吸引人。博雅又去搜索了一阵，告诉讲师实在搜不到再好的内容了。见讲师面露怒色，博雅有些委屈地解释："我已经很尽力地找了。"

"各种关键词都试了吗？"

"……没有。"

"那些网站都试了吗？"

"……没有。"

瞧，这就是博雅没做好这份工作的原因所在。

凡事仅仅做到尽力而为还远远不够，必须做到竭尽全力才行。尽力和全力之间只差了一个字，却包含了一个人对待事情两种全然不同的态度。竭尽全力是一种积极主动的工作态度，遇到困难不找各种借口，而是想方设法解决问题。没有丝毫的掂量和保留，而是激发了所有的潜能，进而能完美完成工作。

第二次世界大战期间，有一队美国士兵要被派到德国去做间谍。因为盟军部队不能接近德国领土，送他们去的飞机只能在天上把他们空投下去。在出发前的一个月，长官告诉他们这一个月里必须要学会德语。一个月之后，不论他们有没有学会，都得出发。

当时这些士兵都还不会说德语，回答长官说："我们一定尽力学会。"

"不，"长官严肃地说，"如果你们的德语学不好，说得不像，一旦你跳下飞机开口说话，德国人就会把你们分辨出来，你们很可能就会没命了。"

学会德语，立刻成为生死攸关的大事，为此，士兵们不得不严肃对待，

第 2 个习惯
审视和调整你的行为方式

他们开始竭尽全力地日夜苦学。一个月后，几乎人人都能说一口地道的德语，有的士兵甚至连口音和语调都非常像德国人。

不论你才智高低，成功背景好坏，也不论你的愿望多么高不可攀，你都要全力以赴对待工作，竭尽全力地做事。你或许会疲惫不堪，或许会伤痕累累，但这能开发、控制自己的潜力，你的个人价值会越来越高！一些人之所以比别人更优秀、更成功，原因就在于此。

马芸是一位优秀的演说家，她总是光鲜靓丽地出现在各种演讲舞台上，她的课程幽默风趣，她的讲解深刻睿智，受到很多人的欢迎。刚结识马芸时，人们都会觉得她活得特别轻松，特别自在，似乎很容易就获得了无数的掌声和鲜花。但真正一起工作以后人们才发现，原来她每天只睡五六个小时，每次备课她会反复修改，字斟句酌，她还坚持每天看一小时的书籍，不断丰富自身知识和见识。

马芸平时喜欢运动，还曾参加过几次专业的马拉松比赛，而且还拿了奖。马拉松是一种熬人的运动，把左脚放在右脚前面，再把右脚放在左脚前面……如此反复重复，大约 56000 次，"你是怎么做到的？"有人问。马芸回答："全力去跑。"关于这一点，她解释说："尽力去跑就是你跑到终点后，还有力气坐下来喝口茶聊聊天；全力去跑就是跑到终点后，整个人将近虚脱。"

所以，不要再以"我尽力了，结果不理想"的借口敷衍自己，不如静下心来想一想，"自己在解决问题时想尽所有的办法了吗？""是否真的做到了全力以赴？"无论遇到多大的困难，毫不犹豫地切除自己的惰性，相信在此过程中你将令能力、意志力得到充分磨炼，做事比一般人更精确、更高效。

06

准备充足，减少中断的可能性

生活中，每天各种各样的信息纷至沓来，我们似乎总在焦虑——不间断地刷朋友圈，看看有没有什么新的八卦；每隔几分钟就拿起手机，忍不住查看一下微信；打开订阅号，直到上面的红点全部消除才罢手……如果你也是这样，你会发现，一天的时间就在这样看似充实的忙碌中度过了，等到睡觉时你又会困惑，明明接收了那么多信息却所得无几，明明每天都很忙很累却又总是毫无所得？

为什么会这样？这是因为我们的注意力不集中，很难专注于一件事情，我们越是分心，就越难深入思考；思考时间越短，得到的有效信息就越少。很多时候需要用100%的心思才能完成，而你却在头脑里想着其他事情，注意力向四面八方分散，其结果不言而喻：将事情搞得一团糟，效率大打折扣。

老猫和小猫一块儿去河边钓鱼，它们架好鱼竿，等待鱼上钩……

老猫很专心，而小猫没一会儿就坐不住了，东瞅瞅西望望，一会儿放

第 2 个习惯
审视和调整你的行为方式

下鱼竿捉蜻蜓,一会儿又捕蝴蝶。结果最后,老猫钓了一篓鱼,小猫一条鱼也没钓到。

这个故事大家都耳熟能详,小猫为什么钓不到鱼呢?就在于不够专注。

专注就是把注意力全部集中到某件事物、某件工作上面,心无旁骛,达到一种"忘我"的境界。你很专注地干过一件事情吗?忽略外界的纷扰,全身心地投入,把精力和智慧都集中到眼前要做的事情上?有过亲身体会的人会知道,专注的力量很大,一旦达到那种状态你就没有了自我的概念,所有的精力整理到了一点,你的做事效率会大大提高,而且能把自身的潜力发挥到极致。

一个现实问题是,我们每天要面临许多事情,时常遭遇被打扰的可能性,接听响个不停的电话、接待客户来访、参加一个接一个的会议、参加朋友聚会、照顾家人等,你很难做到专心致志,甚至需要你在几件活动之间不断转换,这就很可能导致注意力分散、手忙脚乱,把事情弄得一团糟。

怎么办?准备充足,减少中断工作的可能性。我们并非要你断绝与外界的联系,只是建议你好好整理自己的大脑,考虑一下什么对你更重要一些。每个人都有自己的选择,但如果你渴望提高自身的做事效率,把事情处理得井井有条,那么就要及时把精力和智慧整理到要做的事情上。

为此,你要学会自我意识的觉察与转移,一旦发现自己精力分散,就要在心里马上给自己喊"停",进而使自己保持高度集中的注意力;你也可以事先准备几张写有"专心工作"之类的小卡片放在办公室里,及时对自己进行积极暗示,从无意识转入有意识的专注状态,如此就能减少工作的中断。

玛丽·居里是伟大的物理学家,世称"居里夫人",全名玛丽亚·斯克沃多夫斯卡·居里。玛丽亚小时候学习非常专心，因为她坚信只有学好功课，才能成为一个有作为的人。但糟糕的是，她有一个十分淘气的姐姐。在她做功课时，姐姐经常在她面前唱歌、跳舞，或者讲笑话。玛丽亚很想和姐姐一起玩耍，但她总会在第一时间提醒自己"不！我不能贪玩，不能三心二意""我要专心写作业，作业写完了再玩也不迟"……结果，不管姐姐怎么吵闹，都分散不了玛丽亚的注意力。

有一次，姐姐和几个小伙伴想试探一下玛丽亚，她们悄悄地在玛丽亚身后搭起几张凳子，只要玛丽亚动一下，凳子就会倒下来。时间一分一秒地过去了，玛丽亚读完了一本书，凳子仍然竖在那儿。玛丽亚带着强烈的求知欲望，全神贯注地听每一堂课，从上小学开始，她的每门功课都考第一。15岁时，就以获得金奖章的优异成绩从中学毕业，这不仅使同学们羡慕，也使诸多的老师们惊异。

后来，玛丽亚与丈夫密切合作，共同研究，建立最早的放射化学工作方法，专心进行放射性元素的研究。一举成名之后，玛丽亚拒绝了诸多人士的拜访和记者的采访，后来干脆带着家人搬到了偏僻的乡下居住，因为她不想被外界打扰，希望专心于自己所喜欢的事业。最终，居里夫人成为历史上第一个获得两项诺贝尔奖的人。

美国畅销书作家卡尔·纽波特在其著作《深度工作》中阐释："深度工作是在无干扰的状态下专注进行职业活动，使个人的认知能力达到极限。这种努力能够创造新价值，提升技能，而且难以复制。"的确，思考过程是循序渐进的，刚开始是浅思考，还在直觉状态，如同一个复印机要使用之前，需要先热机一样。等到进入纯粹而专注的阶段，才能启用理性思维，思考越深入，行动越高效。

还有一点，就是要找出你的黄金时间。何谓黄金时间，就是你精力最好，头脑清醒，最容易专注，而且周围环境会相对安静的时刻。这个时间最好在一小时以上，可以让你静下心来做一天当中最核心的工作，而且效率极好。这个时间就要自己去寻找了，每个人的情况都不同，不能一概而论。

第 3 个习惯

让每一个"脑细胞"各司其职

01

思考就是把信息组合并整理起来

法国雕塑家罗丹有一个著名作品《思想者》，这是一个用青铜塑造的成熟、刚健、内敛的男性，他用手托住腮，眉头紧皱，垂下头颅，四肢弯曲。男人在思考，思考的同时他的表情，他的四肢，都在展示着一种力量：这种力量就是思考的力量，是人在面对难题与困境时所需要的一种力量。

没有思考的行动常常是鲁莽的、失败的，没有慎重的思考，就考虑不到可能遇见的问题，更想不到解决问题的办法。凡事凭直觉，凭意气，那么做任何事都像是拿着自己的筹码赌博，赢的胜算可能占不到一成。

没有思考的头脑和心灵都是贫瘠的，因为太过缺乏条理，缺乏归纳和举一反三的能力，缺乏包容性和承受力。于是，遇到困难的时候，头脑是僵硬的，心灵是恐惧的，于是就会遭遇处处碰壁的窘境。

有这样一个经典的故事：

英国物理学家卢瑟福是现代原子物理学的奠基人，许多学生曾拜其为师。一天深夜，失眠的卢瑟福走进自己的实验室，却惊讶地发现一个学生还在实验室里。

"这么晚了，你还在干什么？"卢瑟福好奇地问。

学生谦恭地回答："老师，我在做实验。"

卢瑟福又问："那你白天做什么了？"

"做实验。"学生认真回答道。

"下午呢？"卢瑟福追问。

"做实验。"学生随即回答，并等待老师的赞许。

谁知，卢瑟福皱起了眉头，斥责道："你一天到晚都在做实验，什么时候用于思考呢？"

这个故事很有教育意义，启迪我们不仅要积累资料，还要学会思考。

"学而不思则罔，思而不学则殆"，当前，不少人做事时勤勤恳恳，却往往忽视了思考的重要性，甚至忘记了思考，从而导致思想僵硬、工作机械化、创新能力不强等现象，直接影响了效率的提升。

这里还有一个例子，可以形象地说明。

为了早日实现出国留学梦，刘畅每天工作之余坚持学习英语，他一口气买了很多英语辅导书，每天坚持学习两个小时，反复刷单词，大批量阅读，却完全没有思考过应该系统地读哪些书才能够更好地提高英语水平，哪些书对自己的帮助最大，自己的丢分项是哪些方面，结果雅思成绩屡次不合格。

刘畅在本职工作上兢兢业业，满心期待用完美的工作表现证明自己，获得领导的认可和重用，但工作中他虽然很努力，但有价值的思考太少。他宁愿每天因为各种琐事忙得晕头转向，却不愿花一点时间提升自己的水平。他明知道这项工作任务有更好的解决方法，却懒得花费心思，结果升职加薪的事一直未发生。

……

为此，刘畅经常和周边的朋友抱怨自己天赋不佳，运气不好。殊不知，这一切其实是他自身懒于思考所导致的。

我们知道，食物进入了胃袋之后，必须要经过适当的消化、分解，才能在肠道吸收营养成分，信息也是一样。在信息未经过整合之前，只是按照原始的粗糙的顺序来组织，与需求有很大的区别；只有经过一定的整理之后，它们才能变得更加规则和精细，成为自身认识的一部分，便于我们识别和应用。

或者更直白地说，大脑里的信息需要整理，而思考就是信息的组合与整理。

那么，如何对信息进行整理呢？最简单的方法是，把想法通通写出来。

为什么要把想法通通写出来？想法在脑子里通常只是朦胧不清、不够明确的状态，没有写下来留在脑海中不仅会干扰你做其他的事，而且也谈不上积累，想法也不会深入，对问题不进行深入思考，仅仅是触碰到问题表面就结束了，所以要写到纸上。通过写，使思维得到整理，就会明白什么是重要的、什么是不重要的、现在该做什么、不该做什么，也能够按照轻重缓急去处理事情。

不能深刻思考的根本原因是见识少，信息积累量不够。人的思考过程都是自下而上的，这里不妨采用一种"金字塔"模式。先提出观点，然后通过归纳和演绎思考论据，把论据找充分。这种结构就是疑问回答式，下层其实是对上层的回答和解释，通过不断的疑问回答深入构成整个金字塔结构。

中国有句俗话"磨刀不误砍柴工",思考越深入、越全面,就越能帮助我们更快掌握做事的核心能力。

比如,销售员在谈单时不能光滔滔不绝地讲解自己的产品,必须认真研究产品的优势、市场的趋势、客户的心理,反复思考客户所说的每一句话,仔细掂量对方的每一个肢体语言和面部表情。只有平时掌握足够的基础信息,抓住客户的主要心理,才有可能打动客户的"芳心",顺利拿到订单。

苏彤是大学时班里的"学霸",连续四年都是全系第一名。很多人以为,学霸的学习方式,就是天天抱着书,扎根在自习室里。然而,苏彤平时看书的时间有限,各种集体活动也活跃参与,她的学习成绩为什么好?她就是采用了深度的方法,学习的时候勤于思考,善于归纳总结规律,掌握思想方法,做到举一反三,这样学到的知识就变成"血肉",所以她学习的时间短,却很有效。

把信息组合并整理起来,在最短时间内创造最大利润,这样才能避开无用功的干扰,节省时间,降低成本,更快成功。

02

控制好你的负面情绪

"人非草木，孰能无情"，人的心情线不是一成不变的水平线，而会随着周围环境的变化呈起伏状，有高潮和低谷，具体表现更是多种多样，如希望、信心、乐观、悲哀、愤怒、失望、嫉妒、仇恨等，然而，我们决不能被这些负面情绪所控制，否则容易产生比事情本身严重得多的后果。

1965年9月7日，刘易斯·福克斯正在为争夺世界台球冠军奋力拼搏。他的得分一路遥遥领先，已以绝对优势将其他选手甩到身后，只要再打几分就能拿到世界冠军了。可是，就在这时，突然出现了一个小状况——场上飞进来一只苍蝇，而且这只苍蝇还落在了刘易斯握杆的手臂上。

刘易斯停下来，潇洒地挥了挥手，将苍蝇赶走了。可是当他再次俯身准备击球时，那只苍蝇竟然又飞回来了，又落到了刘易斯的眉头上。这个时候刘易斯的情绪发生了一些变化，他开始变得有些恼火，不耐烦地停下来，又一次起身驱赶苍蝇，结果苍蝇又敏捷地脱逃了，之后又落在主球上。

这使得现场的观众哈哈大笑，而刘易斯的情绪恶劣到了极点，他终于按捺不住自己的怒气，突然用球杆对着苍蝇打去。结果球杆触动了主球，按照比赛规则，应该轮到对手击球了。没想到对手抓住机会，一口气把所有的球全打进了，刘易斯当然没能如愿以偿地登上冠军的宝座，这成了他终身的遗憾。

一只小小的苍蝇，打败了即将卫冕的世界冠军，可见负面情绪的破坏性有多大。

反思一下你平时的言行，有没有过情绪失控的时候："烦死了，这工作又烦琐又浪费时间，不想干了！""路上等车跟人吵了一架，一上午了还没平静下来，看谁谁不顺眼！""孩子病了，没法安心工作，手头上的工作怎么这么多呀！"很显然，情绪失控会使大脑陷入混乱，严重影响做事效率。

所以，当情绪不佳的时候，你需要及时整理和调整自己的情绪，即通过自我分析、自我疏导，把负面情绪赶出大脑。处理的方法有很多种，你可以根据自己喜欢的方式进行。比如，难过的时候，找个地方畅快淋漓地大哭一场，给不愉快的往事做一次祭奠；气愤的时候，找个没人的地方，把水泥墙当成出气筒踢上两脚、打上两拳；痛苦的时候，狂奔猛跑，振臂高呼，直至耗尽全身力气……

伍德赫尔是美国钞票公司的总经理，他年轻时曾在一家公司担任一个很低的职务，尽管他对工作很认真，但在这个公司里没有人重视他，升迁的机会仿佛也与他无缘，他对此十分不满，郁闷和烦躁充斥着他的内心。他也明白，过于明显地表现出这种不满，对自己在公司的发展没有好处，于是尽力地专注于手头的工作，防止把这种情绪带到工作中。但是有一段时期，伍德赫尔几乎难以忍受这种情绪的折磨，他甚至一天都不想在这个公司里待下去了，想马上辞职走人。

后来，伍德赫尔向一个比较要好的朋友说出他的不满，朋友建议他拿出一支黑色笔和一支红色笔，用红色笔把对公司每个上司的批评都写在纸上，用黑色笔写下这些人的才能，并写出自己的职业目标，等等。写完之后，朋友让伍德赫尔比较一下这两张有什么不同。伍德赫尔冷静了下来，他知道自己要实现远大的职业理想，就必须尽职尽责，努力提高自己，而不能因情绪逃避这份工作。

从此以后，凡是感觉情绪不良时，伍德赫尔就坐下来用红笔写出心中的那些烦躁、失望、愤怒等不良情绪。每次写完之后，他就能很快冷静下来，从原有的坏心情中开脱出来，恢复积极向上的工作状态。就是靠着这种发泄不良情绪的方法，伍德赫尔很好地控制了自己，使自己的行为始终在冷静理智的轨道上进行，就这样一步一个脚印地不断进步，他终于成就了职业生涯中的辉煌。

是的，面对种种坏情绪的来袭，或怨天尤人，或消极逃避，这些都解决不了问题。无论在多糟的情况下，我们只有学会及时引导、消除这些坏情绪，让自己从原有的坏心情中开脱出来，时刻保持一种轻松、愉悦的良好心态，把注意力集中在眼前应该做的事情上，才能真正实现高效。

为此，你需要问自己几个问题：

问题出在什么地方了？

这件事很重要吗？对自己有什么影响？

是自己真的不能承受事实吗？还是被自己想象的结果吓着了？

你对目前形势有多大的控制权？

……

搞清楚情绪波动的原因，把注意力放在有用的行动上，才不会被无用的情绪所操纵。

或者，你可以尝试用正面的情绪重塑大脑。正面情绪包括希望、信心、喜悦、感激等，用正面情绪面对生命中的不如意，在内心里认为自己能够成功、正在进步，并且会越来越好，不断提示鼓励自我、安慰自我，你会发现内心获得了全新的感受，不利的局面将一点点改变，你将变得更理性和强大。

比如，假如你正行走，突然掉进一个泥坑，摔得身上满是泥巴。你不妨这样想，我很庆幸不小心掉进了泥坑，而非无底洞；年过半百的你上了公交车，没有座位可坐，也没有人主动让座，你可能会感到生气和失望，但你也可以这样想："没人让座证明我还不老，我还年轻"，是不是顿时心情大好？

03

对抗焦虑不如接纳焦虑

焦虑，已经是现代人的一种生活常态。我们因为无法得到自己梦寐以求的东西而焦虑；因为肩上沉甸甸的家庭责任而焦虑；因为爱情、亲情和友情而焦虑；因为无法与他人更好地相处而焦虑……在正常状态下，焦虑是一种合理的情绪反应，但如果出现极度的不安状态，甚至无所适从，就需要重视了。

一个误区是，焦虑时我们总习惯用"别担心，不紧张！""有什么大不了的！"等话开导别人和自己，但这种办法几乎是行不通的，因为"情绪如潮，越堵越高"。那怎么办呢？首先我们要整理大脑，认识到情绪波动是正常的，要训练自己像局外人一样观察自己情绪波动的心理，正视它、体验它、接受它，然后站在一定的高度上着手想解决方案，有条不紊地做自己该做的事情。

比如，老板突然给你安排了一项必须完成的紧急任务，你一时感到紧张不已。这时，你应该稳住自己的情绪，不必紧张，也不要急于求成，以免乱了方寸，进而冷静地对工作上的困难做一下分析，是因为时间太紧？任务太重？自身能力不够？还是其他什么原因？找出原因后，再制订相应的应付方案。

还有一点是，焦虑时你要及时回收注意力，把焦点放在手头的事情上，用心做好眼前的事情。在工作中，我们经常会遇到没有想法，拿不出点子的情况。而通常的情况是，越是着急拿点子和方案，我们越是焦虑，也越没有想法。而当我们静下心来一心一意做事的时候，大脑环境是相对整洁的，在这种轻松愉悦的心态下，许多想法往往会自动出现，做事效率自然也就提高了。

有的人会因为没能达到自己预想的目标而焦虑，产生无力感；有的人会因为别人的优异而感到落差，产生失落感，这两种焦虑都会影响我们在行动中的专注与投入。

不是每一件事都能立刻见到结果，比如减肥、成长、成功等。真正的努力是确切地知晓当下的行动是为了什么，而不是掩饰在努力之下的焦躁不安。所以，我们需要把自己对未来的预期具体细化，逐步分解为一个个小目标，每天达成一个，带来的成就感足以抵消对未来没有把握的焦虑感。万丈高楼平地起，不管你的计划是5年、10年，还是20年，不都要从现在开始吗？

夏阳是某高校播音系的优秀毕业生，并且如愿被一家电视台的新闻频道所聘用，意气风发的她满心想着可以拿起心爱的话筒，一展才华。可那时新闻频道每个岗位都有了主持人，台里安排她先到行政办公室帮忙，工作内容是装订人事档案。剪刀、尺子、修正液，那段日子，夏阳整天和这三样为伍。

三个月过去了，焦虑一点点吞噬着夏阳的耐心：和自己同时进入电视台的同学干得风生水起，而自己还整天干着不相干的事，这样的日子什么时候是个头。但很快她认识到，如此焦虑对自身一点用处也没有，于是劝慰自己先把订档案这份工作干利索，一有机会，她就实地去观摩前辈们怎么主持。

后来，台里策划搞一场新秀歌手大赛，决定女主持人起用"新面孔"。这几年工作的积累已经让夏阳增长了不少经验，而且磨炼出一种坚韧、淡然的性子，她专业素养上的出彩发挥以及稳定的精神状态令在场的同行和观众惊艳。晚会顺利播出以后，夏阳得到台里的起用，开启了主播生涯的首秀。

每天凌晨四点多钟，外面天还黑着，夏阳已经摸进了办公室，对着电脑检索新闻流程单。刚送来的报纸摊了一桌子，通过快速阅读，圈出当天读报的重点。下了早班，夏阳不是选择回宿舍休息，也不去逛街，而是做好第二天将要访谈环节的功课。就这样，夏阳凭着努力成了电视台的当家花旦之一，声名鹊起。

不要在摆脱焦虑的过程中迷失了自己，越是想要努力，就越要学会与焦虑相处。从现在开始，走近焦虑、了解焦虑，想清楚自己究竟要做什么，先把一件事做完、做好，把该做的、需做的都一件件完成，找准方向用心、用脑去执行，相信，你一定能彻底消除焦虑，拥有如愿以偿的生活。

04

保持清醒，提防"温水煮青蛙"

你是否听说过"温水煮青蛙"的故事？有人把一只活蹦乱跳的青蛙投入热水锅中，青蛙马上感到了危险，立即一纵便跳了出来。之后又把该青蛙投入温水锅中，然后开始慢慢加热。水刚刚温时，青蛙优哉游哉，毫无戒备。再后来，青蛙就不会跳出来了，也永远不会跳出来了，因为它不知不觉被煮死了。

温水煮青蛙的现象告诉我们，一些突然变化的事件，往往很容易引起人们的警觉，而容易致人于死地的却往往是在自我感觉良好的情况下，对自身情况的逐渐恶化，没有清醒的察觉。在我们周围不乏这类人，他们生活中浑浑噩噩、庸庸碌碌，工作中不思进取、得过且过……这种不健全的判断、不清楚的头脑，导致的结果就是不进则退。一旦现有的状态被打乱，往往会招致一败涂地。

董轩曾经是亲戚朋友中工作最为稳定的一个，他在L集团工作了整整二十年，而且从来没有换过工作。L集团主营业务是生产加工硬质合金，在20世纪八九十年代，由于产品供需量较大，客户涵盖机械加工、冶炼、钢铁等行业企业，算得上是当地效益最好的企业之一。当年董轩从一所职业技术学校毕业后如愿被分配到了L集团做技术工人，每个月能拿到在当地属于中等偏上水平的工资，他对此觉得满意极了。

不过好景不长，当从计划经济转轨为市场经济后，南方一些公司在生产线上开始采用全自动的机械手，实行自动加工自动装捡，一个工人可以管五六台机器，效率非常高，而且它们对市场需求反应快，机制灵活，在价格和效率上比L集团更有竞争力。而L集团的生产线采用的仍然是手工操作，服务跟不上，质量跟不上，价格又偏高，使得效益越来越差，陷入产量越多亏损越多的怪圈。董轩整天跟人诉苦自己赚钱少，发展难，说自己混得不好，过得没有意思。

当有人建议董轩到南方学习新技术时，他点点头又摇摇头："学那些做什么，国企就是这样，饿不死吃不饱。而且那些工作太具挑战性了，恐怕我也吃不消！"董轩每天机械地上班下班，早八晚四，"有时候领导要我们做一些创新的事情，我直接跟他说我不会了，我老了。"董轩苦笑。这样的日子持续了两三年，后来单位因效益问题准备裁员，董轩的名字不幸地就在裁员名单上。

学着整理你的思绪吧，在任何环境、任何情形之下，保持着一个清楚的头脑，镇定如常、思虑周详。能够这样做的人，总是具有相当的整理力，是一种平衡而能自制的人。事实上，我们整理的最终目的，本就是让自己时刻保持一种清醒的精神状态，以便做出最准确的决断和最迅速的行动。

很明显，保持清醒的头脑需要深思熟虑，这也正是整理思绪的一种过程。为此，我们在面对一件事情的时候，事前要做出科学的分析，考虑到各种有可能发生的状况，并做出一定的预测和判断。如果很周密地考虑到了，每一个步骤都是在清楚的状态下做出的，做成事的概率必然大增。

05

把压力变成高效的动力

威廉今年21岁，一想到还有几个月就要走出校门，就要去为自己争得一份工作，他整个人就变得十分紧张，心跳加快，仿佛全身都在颤抖。找工作时，他明明做足了准备，但总是担心不过关，结果面试时经常大脑一片空白，有一种透不过气来的感觉，如此面试了几次，屡次遭遇失败的打击。

不知道从何时起，威廉感到内心越来越沉重，时常萌生不想工作的念头；对未来有恐惧感，经常感到疲劳、困倦，该睡的时候却睡不着或常常被噩梦惊醒，对此他主诉："我感觉控制不了自己，我发现自己的精神即将失常，我每分每秒都坐立不安，头胀欲裂，好像马上要失控了，这真是太可怕了！"

显而易见，威廉的这一系列反应都是压力过大所引起的。你为什么做事低效？原因可能有很多种，其中压力不容忽视。俗话说"没有压力就没有动力"，压力是促人努力做事、提高效率的方式，但当压力超过一定限度时，会让心态产生负面变化，进而影响正常工作和生活，使做事效率变低。

看到这里，你可能要反驳了，物价上涨、工资太低、工作繁重，孩子太小需要照顾、子女升学、住房问题没有解决……压力几乎无处不在，谁又能幸免于难？告诉你，如果你能学会对压力进行有效的整理和处理，使其得到缓解或消除，你就能使自己处于安全、舒适的状态，进而高效做事。

具体如何整理压力呢？你不妨从以下几方面入手：

1. 接受压力法

很多人觉得有压力代表着软弱或无能，所以否认自己有压力。但是要让压力为己所用，首先要接纳"我有压力"这个事实。要充分认识到现代社会的高效率必然带来高竞争性和高挑战性，学会坦然地接受来自社会各方面的压力，有助于你从精神上放松，并且压力会由大变小，甚至消失于无形。

如果一件事情对你来说毫无意义，你是不会从中感到压力的。所以，每一次压力来袭，你都可以好好思考压力事件对自己来说意味着什么，而不是简单地将"压力"和"事件"连在一起。你可以找一个不受打扰的时间段和一个非常安静的地点进行自我反省。最好把电话线拔掉，手机关机，免得中间有人打扰你。接下来，认真地思考下面几个问题：我为何感到有压力？我遇到了哪些难题？是工作，是家庭生活，还是人际关系？有什么解决的办法？……将你的压力体验写下来，认真找出令你产生压力的难题和解决对策，你会感到情绪渐渐稳定下来，并且压力会由大变小。

例如，当你为上台演讲而备感压力时，你可能会想"因为我必须做一个演讲，所以感到有压力"，而实际上是"我要做一个演讲，我感到很兴奋，也很在意自己的表现，所以会紧张、有压力"，压力的来源是"想表现好"。

这样厘清压力的意义后，你对压力事件的态度就会变得积极，进而能够鼓励自己把事情做好。

2. 倾诉压力法

在紧张的工作之余，要注意扩大自己的生活圈子，多结交朋友。感到心理压力过大时要主动找朋友、家人倾诉，及时获得别人的情感支持，最终化解不愉快的情绪。如果心理压力过大，产生扭曲心理，特别是这些问题与本人的个性有关，而自己又缺乏相关的专业知识时，就应当及时进行心理咨询，寻求心理医生的帮助。请注意，倾诉是非常关键的，因为这正是你对混乱情绪进行整理的方法。

3. 缓解压力法

当工作繁重、心理压力过大时，你不妨抽出 5~15 分钟的时间做几个深呼吸，呼吸并不只有维持生命的作用，还可以清新头脑，熨平纷乱的思绪。如果时间充裕，你还可以听听舒缓的音乐，看看大自然的美丽景色，或参与跑步、网球、骑车等体育活动，这些都有利于开阔心胸，放松身心，足以摆脱压力困扰。

许巍是个好强的女人，她虽然做着最基础的财务分析，但一心想往高处发展，事事严格要求自己。听说公司要竞选财政主任，许巍表现得更积极了，经常主动加班，早出晚归，累归累，总算最终如愿。按说这下许巍该放心了吧，但她看到公司辈出的新人们，看到后劲十足的手下，忧虑和不安也随之加剧，她总担忧别人抢了自己的"饭碗"，每天都心神不宁，结果导致工作上的失误不断。

"必须要改变这种状态才行"，许巍思索良久，决定不再把工作看成最重要的事情，"只要努力去做了，结果顺其自然吧"。工作之余，许巍会打打球、下下棋、玩玩乐器，或与家人、朋友聊聊天、聚聚餐……结果怎么样呢？她的生活改变了，她不再身心皆惫，不再心神不宁，工作效率更高了。

在承受不了的时候适当放下，放下那些带给自己无尽压力的事情。这不是在向困难低头，也并非是向命运妥协，而是为了让自己的头脑更清醒，行动更从容。这就像大自然中的雪松一样，每到雪花逼近时，它那富有弹性的枝丫就会弯曲，使雪滑落下来。因此，无论雪下得多大，雪松始终完好无损。

现在了解了诸上方法后，聪明的你会怎样做呢？

06

记录下大脑的"灵光一闪"

1880年的一天,刚刚下完了一场雨,明媚的阳光普照着美丽的维也纳城。约翰·施特劳斯的心情很不错,他决定要外出一趟。他戴上帽子,披上外衣,夹着他散步时常带的手杖,穿过街道,来到多瑙河边散心。雨后的多瑙河,变得更宽阔、更蓝,阳光下一眼望去波光粼粼,鱼儿成群涌向支流的河口,鸥鸟贴着水面低飞……眼前的景象使施特劳斯的胸怀顿时开阔起来,突然来了一种创作的灵感,但是身边没有纸笔怎么办?施特劳斯左顾右盼,折了一根树枝在自己的衬衣袖子上唰唰唰地画上了心中涌上来的那些旋律,这正是世界不朽名作《蓝色多瑙河》的创作过程。

不少人都很羡慕那些凭借灵感就能有所作为的人物,在普通的认知观念中,这类人似乎比常人做事更高效,成功也往往更容易。比如古希腊科学家阿基米德在洗澡时,由于受水溢到盆外这一现象启示,发现了"阿基米德原理";牛顿看到树上苹果落地,脑中一闪,发现了"万有引力定律"。

问题的关键是,灵感很美妙,同时也很吝啬,它很随机、很偶然、稍纵即逝。一旦我们不把它当回事，或者没有及时进行整理，它就会消失得无影无踪。可惜的是，我们大多数普通人皆如此，把灵感白白丢弃，结果与成功错过。这就给我们提出了一系列问题，灵感是什么？怎样才能获得灵感？

何为灵感？在很多人看来，灵感就是在毫无征兆的情况下，我们的大脑中偶然出现的种种念头或设想。这听起来是心血来潮的产物，但事实是，灵感又叫顿悟，是我们在解决问题的过程中，经过深入而艰苦的思考时，思维处于一种高度活跃的状态，由于偶然原因的刺激，才会点燃的思维火花。

她是一位单身妈妈，是一个连喝杯咖啡都要盘算的穷教师，生活穷困潦倒。早年她结识的一位朋友和一个十分富有的家族是好朋友，这个显赫的家族每年夏季都要在自己家举办大Party。有一次，这位朋友带上她前去参加聚会。这是一个古老而神秘的城堡，她喜欢极了。突然一个想法产生了——写一个关于城堡的故事。故事该怎么写呢？她想来想去，却没有一个完整的思路。

直到一次在曼彻斯特前往伦敦的火车旅途中，她看到了一个小巫师打扮的小男孩。于是，她的主人公诞生了——一个11岁小男孩，瘦小的个子，黑色乱蓬蓬的头发，明亮的绿色眼睛，戴着圆形眼镜，前额上有一道细长、闪电状的伤疤……对，这就是风靡全球的童话人物哈利·波特，接下来她开始闭门谢客，一口气写了好几部故事，她就是美国著名作家乔安妮·凯瑟琳·罗琳。

回想一下，你是不是那种灵感特别多，但又很难厘清并且组织好它们的人？或者简单一点问，你是否有这样的经历，早晨一醒来冒出一个好点子，等你到了办公室，却怎么也想不起来这点子是什么了？怎么改变这一状况呢？最简单、最有效的方法就是随时将你的灵感记下来，定格一切有价值的信息。

为此，你可以随身携带一个笔记本和一支笔。一个新的念头或者设想出现时，无论大小，即便是只言片语，即便只是一个模糊的想法，只要有新意就马上记录下来。当然，光把灵感记下来是不够的，还要花时间整理，因为记录的灵感一般是原始数据，如果不加整理的话，就像废纸一样没用。

怎么进行整理呢？围绕这些灵感进行深思，也就是要分析这些灵感知识为何会在头脑中闪现，是受到了何种事物、现象或者刺激，与什么事物相关，与什么现象相关，与什么过程相关，与什么人相关，与哪个特定地方相关。然后，对这些灵感进行分析，看看其的正确性、准确性和未来的发展空间有多大。如果确定要实施的话，还要对这些灵感进行逐步完善，进一步形成理论成果。

瑞格是一位著名的时尚设计师，他先后在多个著名珠宝品牌担任要职，在设计领域颇有影响。说到自己的成功秘诀，瑞格坦言道："无论任何时候，只要去旅行，有两样特别的东西我一定会随身携带。一个是护照，另一个是速写本。"瑞格这样做的就是为了记录下各式各样的灵感。

"要随时记录自己的新鲜想法，不管这种想法起初看起来多么微不足道，"瑞格建议道，"因为基于这些想法想下去，我们总会发现很多有价值的东西，这是一个发射思维的过程，会有更多更科学、更完整的灵感出现。"一次旅行时，一所教堂建筑给予了瑞格一种震撼感，他将这一感觉记录了下来。这种建筑为什么会给自己留下深刻印象？是哪里打动了自己？后来，他得知是因为这一教堂的外形很独特，颜色很醒目。之后，他将这种外形和颜色运用到了珠宝设计中，从而大获成功。

  我们的大脑一般是在无意识的状态下整理信息的，不断记录和整理大脑中的灵感知识，我们会发现大脑整理信息的过程就像酿酒一样，正如发酵的时间越长，就越能酿出美酒一样。一个点子在大脑中放置的时间长了，思考越深入，就越能产生更巧妙的结合、更科学的构想，灵感也就越有价值。

07

把"失败信息"变为"失败知识"

人生最糟糕的事情是什么？对于大多数的人来说，莫过于遭遇失败的打击。你开了一家公司，满怀信心地创业，却倒闭了；你参加比赛，为此准备了好久，却以没有入围而终；因为损失了某一重要订单，你被解雇了；你敢于梦想，勇于实现梦想，却失败了……面对这些失败，你会怎么办？

此时，不少人会如饥似渴地寻找这个秘密——如何逃离失败，走向成功。但在这件事情上，我们的问题错了。我们与其问自己：怎样能够不失败？倒不如问问自己：怎样把"失败信息"变为"失败知识"？

什么叫把"失败信息"变为"失败知识"？谚语常说"吃一堑，长一智""不要在同一个地方摔倒两次"，将失败"体系化"就是要将那些失败的经历整理起来，记下失败的类型和原因，善于从失败中学习，总结失败的教训，以此作为前车之鉴。让每一次失败变得有价值，这就是失败的意义所在。

的确，有时候失败就是失败，至少在短期、在某一件事的当前处境来看是这样。但失败不等于输，失败其实带来了更多的有利机会和丰富经验。

如果我们能够不断地对失败进行整理，从失败中总结经验教训，那么每一次失败都是一次宝贵的学习机会，都是一次自我成长、自我提高的机会。

如果你不能理解这一个逻辑，那下面这个例子就是很好的说明。

一个二十多岁的年轻人，意气风发地想自己创业，并很快举办了一个成年人教育班。他花了很多钱做广告宣传，房租、日常用品等办公开销也很大，但一段时间后，却发现数月的辛苦劳动竟然连一分钱都没有赚到。年轻人苦恼地向家人借钱处理了一些善后的事情后，便整天待在家里不再外出，因为他害怕别人用同情、怀疑，抑或是幸灾乐祸的眼神看自己，评说自己的失败。

这种状态持续了很长一段时间，年轻人无力自拔，便无奈地去找自己的一位老师诉说心绪。"失败有什么？让你看清自己罢了！证明你以前的方法不得法，你需要的只是改变方法，重新开始！"老师的一句话意味深长，年轻人顿悟，精神也振作起来，开始认真思考自己失败的原因，反省哪里出了问题……一番思索后，他改变了成人教育的研究方向，致力于人性问题的研究。

所谓的"人性问题的研究"，就是一套独特的集演讲、推销、为人处世、智能开发于一体的成人教育方式。年轻人工作得十分卖力，他白天写书，晚间去一家夜校教书，后来为商界人士开设了一个公开演讲班。如今，他是美国著名的企业家、教育家和演讲口才艺术家，被誉为"成人教育之父""20世纪最伟大的成功学大师"，他就是美国著名的成功学大师戴尔·卡耐基。

所以，遭遇失败的时候，不要总强调"我已经失败了"的信息，应对失败最好的办法，就是将你所遭遇的失败具体地记录下来，并大致进行归纳和整理，特别是那些令你刻骨铭心的失败。这份记录中，应该包括你失败的原因、你对失败的感受、这次失败对未来有什么启示、你学到了什么知识，等等。

为此，你不妨多问自己几个问题："我为什么会遭遇失败，具体的原因有哪些？""我应该如何做才能将失败的损失降到最低？""我能够从这次失败中学到什么？""下次遇到这样的事情我应该怎么做？"……记住，失败并不是一件可耻的事，你可以败在经验、败在技巧上，但绝不能败在懒惰上。

08

通过分析判断，化难为易

分析判断能力是人生诸多能力中最重要的能力之一，在工作和生活中，我们经常会遇到一些困难和难题，这时分析判断能力较差的人，往往思来想去不得其解，以致束手无策；反之，分析判断能力强的人，经过理性思维的一番整理后，往往会使复杂的问题简单化，从而自如地应对一切难题。

分析判断能力，是指对事物进行剖析、分辨、观察和研究的能力。

田奏是青岛一家机械企业的老总，最近他总是为招不到普工而头疼。考虑到现在的年轻人没有几个愿意在基层，田奏令行政人员先后几次提高了普工薪酬，并在招聘信息上标明了"高薪"，但前来应聘的人员依然很少。不得已，田奏只好求助于一家管理咨询公司，高源正是该公司的一名顾问。

接到这份工作后，高源是怎么做的？他开始考虑，既然薪酬不能打动年轻人来应聘，那肯定会有其他原因的存在。例如，招聘人员的积极性不高？公司的地理环境不好，譬如在偏远的开发区？之后，他凭着过人的战斗力，在加班加点的情况下，通过详细的数据比对，终于在一周后调研出一份分析报告：

每日的工作时长10小时，相较竞争对手多了2小时；

招聘人员的平均工作年限1.5年，相较竞争对手少了0.5年；

公司的社会口碑不好，曾经有员工跳过楼，新闻都报道过了；

一线城市成本高，人员外流严重，劳动力供应不足，行业里普遍碰到"用工荒"。

到目前为止，"招不到普工"的问题几乎告破了。接下来，针对以上几大原因，高源给出了非常贴切的应对措施，比如减少每日的工作时长、通过一系列社会活动营造公司的良好口碑、尝试到附近的县镇招人，等等。结果，不到两个月的时间，田奏就高兴地反馈说，已成功招聘150名员工。

通过以上案例，想必你已经大致了解分析判断的魅力了，无疑这种能力让我们做事更高效。在如今飞速发展的时代，各种各样的信息纷至沓来，这时，学会分辨真假以及筛选有用信息就显得非常重要了。那些有辨别能力的人，会在最短的时间内准确抓住对自身有利的信息，进而功成名就。

美国实业家亚默尔年轻时，只是一名默默无闻的小职员。这天，他像往常一样在办公室里看报纸，一条条的小标题从他的眼前溜过去。当他看到了一条几十个字的时讯——墨西哥可能出现猪瘟时，他的眼睛突然发出光芒。他立即想到：如果墨西哥出现猪瘟，就一定会从加利福尼亚州、得克萨斯州传入美国，一旦这两个州出现猪瘟，肉价就会飞快上涨，因为这两个州是美国肉食生产的主要基地。

亚默尔立即给家庭医生打电话，说服家庭医生马上去一趟墨西哥，证实一下那里是不是真出现了猪瘟。很快，这个医生证实了墨西哥发生猪瘟的消息，亚默尔立即动用自己的全部资金大量收购佛罗达州和得克萨斯州的肉牛和生猪，很快把这些东西运到了美国东部的几个州。之后没多久，瘟疫蔓延到了美国西部的几个州，美国政府的有关部门令一切食品都要从东部的几个州运入西部，亚默尔的肉牛和生猪自然在运送之列，由于美国国内市场肉类产品奇缺，价格猛涨，亚默尔趁机狠狠地发了一笔大财。

亚默尔之所以能实现事业上的成功，就在于他有较强的分析辨别能力，看准了事情的发展趋势。一个人只有学会在复杂的环境中辨别信息的真伪，整理出对自己有利的信息并加以利用，才能实现高效成功。正如一句外国谚语所说："机会往往就在脚下，所以不必东奔西走，只需要学会如何辨认它。"

分析判断能力的高低是一个人智力水平的体现，它很大程度上取决于后天的训练。

这正如我们前面提到的，当出现问题时，千万不能简单行事，必须把出现问题的整个系统中与发生问题相关的所有环节和部分都加以考虑、分析，在弄清每个要素、每个环节及其相互之间的关系后，才有可能不遗漏问题产生的任何原因，才能做出全面而科学的判断。

另外，做任何事情都是有意识、有目的的，分析判断也不例外，要有明确的目的。

我想去外地工作，但有人说外面辛苦还挣不到钱，不如在家里享安乐，我该怎么选？

我想发表自己的意见，但可能会招来非议，我应该积极表达想法，还是该多听少讲？

我是先成家后立业，还是先立业后成家？

……

面对以上种种问题，你会如何选择？不妨从你想要的目的进行分析。比如，你考虑要不要去外地工作，首先你要做的是想好你去外地的原因，是想多赚些钱，还是更好地发展自己等，如果目的不明确或者根本就没有目的，那就谈不上考虑要不要去外地工作的问题，也就是用不着分析判断。

每一次分析判断背后都体现着一个人的思维、智慧、眼界和格局，这就需要我们在平时多观察、多思考、多总结。为此，你不妨平时多注重对思维的培养，多看一些着重思维开发方面的影视作品和书籍，如逻辑学、智力题目和游戏、辩论赛、评论性的电视节目、破案的电影或电视剧，等等。

09

学会用优化的思想解决问题

一个人成功与否,所有的奥妙都在于思想,这就需要我们善于整理自己的心智。心智即看事物的角度、高度和深度,这是一种强调理智的思维,往往能找到不一样的方法。

你喜欢钻石还是石墨?相信在很多人看来这是一个愚蠢的问题,因为钻石光彩夺目、闪烁耀眼,价格又昂贵,可使拥有者光芒四射,谁不喜欢?而石墨稀松平常,价格低廉,顶多在冶金、化工等方面有些用处。但你知道吗?钻石与石墨本质其实是一样的。

一位物理学家与一个女孩热恋,并准备求婚。他会送什么呢?女友一直猜个不停,想到自己曾多次说过喜欢钻石,她的心怦怦直跳,"他会满足我的心愿,送我一粒钻石吗?"等再次约会的时候,女友满心期望,但物理学家却将一块黑乎乎的石墨递了过来:"亲爱的,送你一块大钻石,请嫁给我吧。"

这怎么可能是钻石?!女友的鼻子都差点气歪了,但那位物理学家却一本正经地说道："钻石与石墨是同一样物质。"钻石是世界上最坚硬、昂贵的东西，而石墨既柔软又便宜，二者怎么可能一样呢？女友为此大发脾气，而且一定让物理学家买一粒又大又亮的钻石才肯嫁给他。

那位物理学家错了吗？其实并没有错，因为超级坚硬的钻石与超级柔软的石墨，真的是同一种物质——碳所构成的。其中的奥秘，就在于排列方式的差异。当碳分子都以某一种方式排列组合起来就会形成石墨，但如果先把石墨变成分子，然后再以另一种方式排列组合起来，就会形成钻石。

物体摆放乱了，需要整理；电脑上的文件杂了，需要整理；思想乱了，也需要整理。一个人若真想有所作为，就不能单靠理性的思维，还必须学会优化思想，借助想象、联想，甚至幻想等，不受时间、空间限制，发挥最大的主观能动性，让思维变得清晰、变得敏捷，不再杂乱无章，不再浑浑噩噩。

这听起来似乎很难懂，我们举例说明一下吧。

齐王和田忌赛马，规定每个人从自己的上、中、下三等马中各选一匹来比试，一共比试3个回合，并约定每个回合获胜可获奖金一千两黄金，奖金由失败方支付。当时，齐王的每一等次的马都比田忌同样等次的马略胜一筹，如果田忌用自己的上等马与齐王的上等马比，用自己的中等马与齐王的中等马比，用自己的下等马与齐王的下等马比，则田忌要输三次，因而要输三千两黄金。

三千两黄金不是个小数目，田忌当然不想输给齐王，结果他真的如愿了。这是怎么回事呢？原来，在赛马之前，田忌的谋士孙膑给他出了一个主意，对上、中、下三等马排序，下等马去与齐王的上等马比，用上等马与齐王的中等马比，用中等马与齐王的下等马比。田忌的下等马当然会输，但是上等马和中等马都赢了。因而，田忌不仅没有输掉三千两黄金，还赢了一千两黄金。

田忌赛马的故事就说明了排序的重要性，从这个事例中也可以看出，对信息有效地整合，可以使我们摆脱思维的瓶颈，透彻地发现问题的本质，从而想出更好的解决办法，让看似难以逾越的问题迎刃而解，让看似难以完成的工作顺利进行。这样的思维模式令人拍手称绝，对我们是一个很好的启迪。

"写不出好企划书""想不出好点子""很难做出成效卓然的简报"……工作中，我们经常会遇到这些情况，怎么办呢？抱怨是解决不了任何问题的，为什么不试着重新排列目前手边的资料呢？重新组合眼前的事物，从各种角度去观察，如此一来，工作的精确度和效率将有天壤之别。

大学毕业后，李·艾柯卡在美国福特汽车公司做起了销售工作，并且主要销售一款1956年型的新车。前几个月，艾柯卡的销售情况很糟糕，总是同事之中垫底的，他为此情绪低落。这款新车外形和功能都很好，为什么就卖不出去呢？通过调查了解，艾柯卡得知问题在价钱上，虽然其他方面很吸引人，但价钱太贵了，所以几乎无人问津。降低车价吗？这不是自己能做主的，而且也不是提高卖车提成的好办法。

怎么办呢？有什么办法可以在不降低车价的前提下，让这款汽车显得便宜起来呢？艾柯卡开始了冥思苦想，一天他突然想到："既然一次性支付车款会给客户们形成较大的经济压力，为什么不尝试下分期支付呢？"他快速来到经理办公室，提出了自己的销售方案，即只要先付20%的车款，其余部分每月付56美元，3年付清，这样一般人都负担得起。经理觉得这个方法很棒，当即推出"花56元买一辆56型福特"的广告。

"花 56 元买一辆 56 型福特"的做法，打消了人们对车价的顾虑，还给人们以"每个月才花 56 元，实在是太合算了"的印象。在接下来短短 3 个月中，艾柯卡的销售业绩火箭般直线上升。其他销售员见此纷纷仿照此法，结果该款汽车销售量一跃成为全国冠军，年销量更是高达 7.5 万辆。艾柯卡因此名声大振，不久被公司提拔为华盛顿特区的销售经理，奠定了自己的成功地位。

　　李·艾柯卡是一个非常有智慧的人，他将一次性支付车款改为分期支付，"花 56 元买一辆 56 型福特"，这就是一种全新的排序，这个方法你能想到吗？看到这里，你可能会有疑问了：我真的可以吗？告诉你，答案是肯定的，因为我们的大脑拥有无限的潜能，只是大多数人不知道该如何整理罢了。

第 4 个习惯
周密筹划，而不是盲目行动

01

也许你所需要的只是一个计划

或奔波于上下班途中,或穿梭于单位各部门之间,或坐在电脑前处理一大堆文件、材料……繁忙的工作任务、沉重的压力和责任,是不是让你觉得工作杂乱无章、没有效率,似乎永远没有出头之日?你想改变这种状态吗?答案当然是"想",那么如何做呢?也许你所需要的只是一个计划。

贞观年间,有一匹马和一匹驴子生活在一起。马在外面拉东西,驴子在屋里推磨。后来,这匹马被玄奘大师选中,出发西域前往印度取经。

17年后,这匹马驮着佛经回到长安,它重到磨坊会见驴子。老马谈到这次旅途的经历:浩然无边的沙漠,高入云霄的山岭,凌风的冰雪,热海的波浪……那种种神话般的境界,让驴子听了大为惊异,惊叹道:"这些年来,你有这么丰富的经历!你真伟大,那么遥远的道路,我连想都不敢想。更糟糕的是,我每天都忙忙碌碌,不得一刻清闲,真不知道这样的日子什么时候到头。"

"其实,"老马说,"我们跨过的距离大体是相同的,当我向西域前进的时候，你也一步没有停止。不同的是，我同玄奘大师有一个行动计划，始终按照这个方向前进和努力，所以我们打开了一个广阔的世界。而你被蒙住了双眼，一生就围着磨盘打转，所以永远也走不出这个狭小的天地。"

通过这个寓言故事我们不难理解，如果一个人的人生没有计划，那就如同围着磨盘打转的驴子。无疑，这是一种很被动的生活状态，即便再努力也依然碌碌无为。

计划是对即将开展的工作的设想和安排，如提出任务、指标、完成时间和步骤方法等，它是行动的指南，是效率的保证。

任何事情要想成功必须事先做计划，因为人是有一定惰性的，仅靠自觉性来完成一项事情，很容易出现一些想象不到的偏差，如完成时间滞后了，质量水平降低了，埋下隐患了，等等。而如果制订好计划，有一个量化的指标，按照计划的步骤、要求来一步步完成，做事才能有条理，效率才会有保证。

帕塔莎希望成为一名出色的音乐家，但她没受过专业的音乐培训，对偌大的音乐界有些陌生，所以时常觉得未来迷茫，人生无望。

"我甚至不知道自己下个星期该做什么？"帕塔莎向导师倾诉道。

"想象一下你五年后在做什么？"导师说，"你先仔细想想，确定后再说出来。"

沉思了几分钟，帕塔莎回答道："五年后，我希望能有一张唱片在市场上，而这张唱片很受欢迎，可以得到许多人的肯定。"

"好，既然你确定了，我们就把这个目标倒算回来，"导师继续说道，"如果第五年你有一张唱片在市场上，那么你的第四年一定是要跟一家唱片公司签上合约，那么你的第三年一定是要有一个能够证明自己实力、说服唱片公司的完整作品，那么你的第二年一定要有很棒的作品开始录音了，那么你的第一年就一定要把你所有要准备录音的作品全部编好曲，那么你的第六个月就是筛选准备录音的作品，那么你的第一个月就是要把目前这几首曲子完工。那么，你的第一个礼拜就是要先列出一整个清单，排出哪些曲子需要修改哪些需要完工，对不对？"

听了导师的话，帕塔莎犹如醍醐灌顶，人生顿时豁然开朗。

帕塔莎的事例告诉我们，做好规划对于提升做事效率具有显著作用。的确，那些善于规划人生的人，每时每刻都知道需要做什么事，清楚自身行进速度和与目标之间的距离，完成的每一件事都在规划之中，以便不断监督自己、提醒自己、鞭策自己，如此有的放矢，自然水到渠成。

对此，美国作家阿兰·拉金在其著作《如何掌控你的时间与生活》一书中说："一个人如果做事缺乏计划，靠遇事现打主意过日子，他的生活就只有'混乱'二字，这也就等于计划着失败。相反，有些人每天早上预订好一天的事情，然后照此实行，他们就是生活的主人。"可见，高效做事需要超强的能力，也需要清晰的计划。

当然，计划不是简单说说，而是需要一番精心整理。这里提供一种好方法，即5W1H。

5W1H即5个W和1个H开头的字母，分别是What、When、Where、Who、Why以及How。what，这是你的工作计划的内容，然后你计划什么时间完成或在什么时间段完成，即When。你的项目由谁实施或需要哪些人协助实施，即Who。你的项目将在哪儿完成即Where，你的项目中有什么意义，即为何要做，即Why。接下来，我们就可以选择如何去进行你的项目了，即How。

通过 5W1H 计划分解，你是不是可以明确如何行动了，而且每项内容都可以找到对应的入手方式？这就是计划的作用——一切一目了然，一切尽在掌握。即使中途会出现一些意外，其结果一般也不会有太大差异。

当然，像这种烦琐的准备工作，并不适用于所有事情，通常我们只要挑出最需要花时间，且对其他工作有影响力的重要项目加以整理，使之组织化即可。

02

轻重缓急，学会为工作排序

你是否曾为这样一个问题困惑——明明比别人更有能力、更努力，却总是收效甚微？不要疑惑，不要抱怨，你应该先问问自己，是否把时间留给了最重要的工作。或者更直接地说，你还没有认识到整理的精髓，有些事忙得并不得法，真正要做的事情没有完成，无关紧要的事情却做了很多。

在这里，我们不妨先做一个小测试：

铁桶一只，水一罐，碎石若干，大石头一块，细沙一堆。

要求：把以上物品装进铁桶。

如果请你做这个小实验，你将会按照怎样的顺序把以上物品装进铁桶？

最好的方法是，先放大石头一块，再放碎石，最后放细沙和水。

为什么？因为如果你不是首先把石块装进铁桶里，那么你就再也没有机会把石块装进铁桶里了，因为铁桶里早已装满了碎石、沙子和水。而当你先把石块装进去，铁桶里会有很多空间来装剩下的东西。

之所以提及这个实验，就是想告诉大家，每天都有无数的事情等待着我们去处理，但事情永远有轻重缓急之分，我们必须分清楚什么是石块，什么是碎石、沙子和水，并且总是把石块放在第一位。也就是说，不管有多少事情正待处理，我们一定要学会为工作排序，把重要的事情先做好。

为什么重要的事情要先做？道理很简单，每个人的时间都是有限的，如果你总是急着处理一切所面对的事情，很可能将时间花在无关紧要的事情上，而重要的事情则一拖再拖，其间你的时间会被一点点地消磨掉。当时间越来越少的时候，怎么可能把重要的事情完成呢？如此工作效率怎么会高？

一个高效的人应是一个计划高手，他们能分清工作的轻重主次，设计优先顺序，这是整理的一大精髓，更是取得高效的捷径。

在这里，提供给大家"ABC整理法"。"ABC整理法"的具体操作过程是这样的：

A：最重要的工作，这类工作为"必须做的事"。比如，约见非常重要的客户，重要的日期临近，都能给你带来成功的机会等。

B：较重要的工作，指"应该做的事"。这类工作比较重要，但比起A类事务来说，不是非常重要。

C：次重要的工作，指"可以去做的事"，相对前两类工作，这类工作是价值最低的。这类工作可以靠后，如果的确没有时间去做，那就可以授权其他人去做，甚至完全忽略。

总体来说，ABC三级工作所占的时间分配是这样的：

A级工作是必须在短期内完成，需要立刻行动起来去做，而且要集中精神做到位；A级工作完成后，需要转入做B级工作，如果时间紧张，可以适当地推迟B级工作期限，也可以考虑授权给别人处理；对于C级工作，无论你多么感兴趣，都要尽量少在上面花费时间，或者安排在工作低谷时期进行。比如，有些会议内容与自己的工作没有什么关系，此时与其坐着白白耗费自己的精力，不如看一些与自己主要工作有关的材料，或者考虑与自己主要工作有关的问题。

马斌是一家汽车公司的总裁，他每天需要处理公司上下繁多的事务，不过他并不忙乱，这都是"ABC 整理法"的"功劳"，因为他总是能够分清轻重缓急。

比如，马斌的手上从未同时有三件以上的急事，通常一次只有一件，其他的则暂时摆在一旁，而且他会把大部分时间拿来思索那些最具价值的工作，比如公司的总体发展规划、年度工作任务，行业发展前景等。他在处理下属呈递的需要签署的文件的时候，要求秘书把文件分类放在不同颜色的公文夹中。不同颜色的文件夹代表着不同的意义：红色的代表特急，需要立即批阅；绿色的可以缓一缓；橘色的代表这是今天必须注意的文件；黄色的则表示必须在一周内批阅的文件；黑色的则表示他必须要签字的文件……

正是凭借这种工作方式，马斌大大提高了整个公司的运行效率。

不停地在响的电话、接待不完的客户、开不完的会议，以及多如牛毛的朋友聚会……当你面临有太多的事情需要处理时，先不要慌慌张张开始，要先思考如何高效率地分配时间，并安排事情的先后顺序。相信，你将花较少的力气，做完较多的工作，在纷繁复杂的工作中做到游刃有余。

为此，在开始一天的工作之前，你最好要先问问自己："我今天工作的重点是什么？""哪些事情是我现在非做不可的？""为什么我需要完成这件事情？它是否对我很重要？""我正在做的事情是否最合适现在这段时间？"……将自己所从事的工作内容整理成一份表格，重点标注"重要且紧急的事件"，并且依次写下需完成的日期和时间，这就是你接下来要重点对待的工作内容。

03

分工明确，整合才更有价值

有些人可能整理能力不错，也有良好的管理和行动意识，但是执行力总是时好时坏，为什么？这种情况多出现于分工不明或不懂分工。

立明的公司刚成立半年，就宣布破产了，解散了团队……对此，大家感到非常诧异，因为立明对这次创业准备十足，资金到位，人才到位，他每天奔前忙后，忙碌又疲惫，按理说这样的公司没理由这么快破产。对此，立明的解释是："原因很多，最主要的是员工积极性不高，业务跟不上去。"果真如此吗？这些原因都停留在浅层和表象，问题症结在于，立明公司的分工不好。

原来为了节约人员成本，立明提倡一人身兼数职，比如市场主管既负责业务开发，又负责人员培养；行政部既负责人员调遣，又负责产品宣传。如此岗位职责不明确，导致的结果是，部门之间容易推诿塞责，重要或困难的工作互相推诿，办事拖拖拉拉，效率低，而且一旦出现问题根本就找不到责任人。眼见一些工作做不好，立明便大小事务亲自上阵，结果越忙越乱，最终导致破产。

大到公司，小到一个部门，都必须明确分工，一个萝卜一个坑，每个人都有自己的岗位，伴之以明确的责任划分。先做好"分工"工作，再"整合"处理，这样专业化的整理工作方法，可以避免产生推托、扯皮、杂乱无章等不良现象，往往会使原本比较复杂的工作变得环节清晰和有序，提高整体的做事效率。

18世纪时，英国的经济学家亚当·斯密曾用制针业的例子来说明分工协作能提高劳动生产率的道理。没有分工协作时，一个工人既要把钢丝截成段，又要把一头磨尖，还要把另一头穿眼，不断转换工作和工具，耽误时间，所以一天只能生产20枚针。把工人组织起来实行分工协作后，有人专门把钢丝截成段，有人专门把一头磨尖，还有人专门给另一头穿眼，结果效率大大提高，平均每人每天可以生产4800枚针。

可见，工作专业化是指将工作细分成一系列步骤，由不同的人负责不同的步骤，而不是由同一个人来完成整项工作。

的确，我们每个人的能力都是有限的，任何一项工作都是环环相扣的，是一个人所没有办法完成的，即使一个人完成了也不能有很好的效果。而分工可以使每个人根据自己的专长去完成相应的工作，这样就充分发挥了每个人的特长和优势，最终使每个环节的工作都能相对做得更高效。

在这一点上，海尔集团的员工们是一个榜样。

熟悉海尔的人都知道，这里的员工们，无论职位高低，工作大小，从一名清洁工，到产品设计师，都时刻将责任挂在心头。无论出现多么复杂的工作问题，都没有过互相推诿责任的现象。如何做到的呢？分工明确。

海尔电冰箱厂的材料库是一个五层的大楼，这五层楼一共有2945块玻璃，凡是去过的人都会发现，这2945块玻璃每一块上都贴着一张小条！小条上是什么呢？两个编码，第一个编码代表负责擦这块玻璃的责任人，第二个编码是负责检查这块玻璃的人。负责人员的名字都印在玻璃上，清清楚楚、一目了然。如果哪一块脏了，直接找这两个人就行，于是整幢大楼的玻璃都能保持干干净净。

由此，海尔电冰箱厂把这一做法推广到冰箱生产的整个制作过程中，从钢板成型到冰箱出厂，共设了156道工序545项责任，都清楚标明事件的责任人与事件检查的监督人，有详细的工作内容及考核标准。因为每一道工序责任到人，质量便有了保证，所以生产出的电冰箱在市场上深受消费者欢迎。

"人人都管事，事事有人管"，海尔人严格遵循"责任到人"的制度，每一个参与工作的个人和组织丝毫不敢懈怠，尽职尽责地努力工作。正因为如此，海尔人无论走到哪里都是高质量的"代言人"。

分工的本质就是责任到人，每个人都要明确自己的具体工作任务、自己的权限，所担当的责任，该做的事情不要推，不该管的事情不要管。倘若每一工作环节的人都能如此，那么整个工作整合起来就有1+1＞2的价值。

04

多线并行，把效率推上去

做事是否有条理，这是判断一个人是否具备整理能力的关键。

每个人的生命都是有限的，同样，属于一个人的时间也是有限的。整理的精妙之处，就在于明明拥有同样长短的时间，有的人偏偏就能做比别人更多的事情。

C公司是一家做工程外包的建筑公司，王焕是其中一位项目经理。由于公司业务多，项目经理经常同期手握三四个项目，各种事情纷至沓来，又都很急，工作量也很大。为此，王焕整天风风火火，熬夜到两三点是常事，整个人烦躁到不行，才三十出头就有掉发的迹象了。别看王焕这么努力，但他取得的业绩在公司只能算中上等。而部门另外一名项目经理李岩，工作谈不上努力，虽然也经常同期手握三四个项目，但每天很少加班，不过工作起来有条不紊，关键是业绩竟然还高出一大截。

估计看完就有人直呼：太不公平了！但这种现象在职场中比比皆是，核心就在于工作方法。就比如王焕，他并非能力不济，而是工作方法不好。

领导临时给个任务、客户临时有个要求、同事临时要个数据，他都会停下手里的事情，这个流程做完再开始下一个流程，一件接一件地去完成工作。最终，在任务的切换上花费了巨大的精力，这也是我们大多数人的惯用工作法。

而李岩则不同，他有自己的方法，可以一边接听客户电话，一边打开电脑查阅需要的资料，这样不仅听明白了客户的疑问，同时通过查阅数据资料，也帮客户解决了疑问；在会议中，跟同事讨论工作内容的同时，动笔做好谈话记录……这些数不清的细节组合起来，就产生了高效的工作效率。

为了更形象地指出这一点，我们来看著名数学家华罗庚曾经写过的一篇文章：

一个人想泡壶茶喝，当时的情况是：开水没有，水壶要洗、茶壶茶杯要洗，火生了，茶叶也没有了。怎么办？

办法一：洗好水壶，灌上凉水，放在火上；在等待水开的时间里，洗茶壶、洗茶杯、拿茶叶；等水开了，泡茶喝。

办法二：先做好一些准备工作，洗水壶，洗茶壶茶杯，拿茶叶；一切就绪，灌水烧水；坐待水开了泡茶喝。

办法三：洗净水壶，灌上凉水，放在火上，坐待水开；水开了之后，急急忙忙找茶叶，洗茶壶茶杯，泡茶喝。

哪一种办法省时间？谁都能一眼看出，第一种办法好，因为后两种办法都"窝了工"。

这个实验告诉了我们一个道理，大量的时间浪费来源于没有考虑工作的可并行性，使并行的工作以串行的形式进行，结果长期用低效率高耗时的方法工作。而多线并行可以让你在最短的时间做最多的事，最大限度地避免混乱的忙碌、低效率的忙碌。即使面对再繁杂的工作，也能做到高效。

当然，多个工作线索也可能使你思绪繁杂，降低效率，这需要我们在头脑里提前对自己所做的事情有一个大致的计划。比如，今天都有哪些工作需要自己去完成？这些工作又大概需要多长的时间？我们还会有多少由自己个人支配的时间？这就像我们当老师的要上好一节课一样，我们在备每一节课的时候，除了备好所要讲的内容以外，还要安排所讲内容的时间，复习的时间需要多长？新课讲授的时间又该留多长的时间？学生自己练习多长时间？等等，对这些都要有一定的估计和判断。

有人会说这是"小题大做"，但在工作环节繁多的时候，这样做就非常有必要了。

一天上午刚上班，莫白就接到总经理安排的六件事情。

A. 去交通监控中心处理领导闯红灯的违章罚款事宜；

B. 到市工商局办理营业执照地址变更的相关手续；

C. 拟写一份关于端午节公司放假以及安全注意事项的通知；

D. 一位重要客户来访，11点前往机场迎接，并做好接待工作；

E. 协助业务经理和一位打算辞职的业务员谈话；

F. 后天部门刘主任前往广州出差，安排订机票、酒店等工作。

接到总经理的指示时，你是否会有头乱如麻之感？是不是有些不知所措？肯定的，莫白当时大脑一片空白，但深呼吸几秒后，他决定利用多线并行的方法来处理。

具体方法，如下：

莫白先拟写了关于端午节公司放假以及安全注意事项，然后询问了刘主任去广州出差的具体行程；九点半左右，莫白从公司开车去机场接客户。考虑到去机场的路上经过交警大队，莫白先去处理了违章罚款事宜。十一点接上客户，做好午餐、午休等接待工作，其间莫白在手机上通过网络帮刘主任订了机票、酒店等；下午陪同客户之后，莫白协助业务经理和一位打算辞职的业务员谈话；下午四点半，前往市工商局办理营业执照地址变更的相关手续，等事务办好后正好到了下班时间。

在这样的统筹下，莫白将时间运用得很高效，几件事情都处理得非常圆满。

如果你很努力却没有取得好成绩，一定是你忽略了先要找对方法。

别担心多线并行时你会手忙脚乱，别忘了，我们的大脑有着十分特殊的结构，对一个头脑和身体均正常的人来说，同时处理较复杂或较富创造性的工作是完全可以的。如钢琴家在手指击键时，还要眼看着琴谱，耳听着琴音，大脑则在分析、判断音乐的节奏和轻重；公交司机要一边开车一边留意行驶路线，看前后门上下车情况，还要回答乘客问路等，这就是眼观六路，耳听八方。

一个善于多线并行做事的人即使才能平庸，因为条理分明，所以做事严谨，总能有条不紊地处理各种事务，最终势必能提高工作效率。

05

要"忙",但不要"瞎忙"

在整理的过程中,最没效率的事情就是第一次做不到位,然后还要推倒重来。

为了更清楚地说明,我们举一个真实的例子。

王琨是一家广告公司的员工,在给客户制作宣传广告宣传页的时候,他不小心把客户联系电话中的一个数字弄错了。当他们把已经制作好的宣传单交付给客户时,客户因为时间非常紧,第二天就要在产品新闻发布会上使用,因此没有做详细审核就接收了。直到新闻发布会结束之后,在整理剩下的宣传单时,客户发现了这个关键错误,而此时宣传单已发放了一万多份。

面对这种情况,客户气愤地和广告公司索要巨额赔偿。由于错在自己,再加上客户召开新闻发布会的费用的确很大,广告公司只好依据客户的要求进行了赔偿。为此,公司不仅赔偿了客户大部分的经济损失,而且整个部门召集全体相关工作人员,宣布放下了手头的工作,加班加点迅速重做了一批宣传页。

虽然公司因为王琨的一次小失误损失巨大，但是事情并未就此结束，这件事情纷纷被其他的客户得知，广告公司的信誉受到了极大的影响，生意越来越少，因为没有人再敢把自己的业务交给他们去做，害怕再次出现差错给自己带来不必要的损失。事后，王琨不仅受到了公司的严厉惩罚，还被辞退了。

开始的一个小失误导致了一连串的麻烦，像这样的事情几乎每天都在发生：工作失误要花时间来修正；产品质量出现问题要花时间来返工；技术不过关要靠培训来弥补，工作陷入不断的反复和重复中……而且，你即使再忙碌、再辛苦，做事也不会高效，因为你一直在为自己的错误买单。

所以，在整理的过程中，与其不断地解决因没有把事情做对而产生的问题，陷入费力不讨好的"无用功"。倒不如当初认真一点，不要心存"还有下一次"的侥幸心理，一开始就想怎么做好整理工作，怎样把事情做好，争取一次就把事情做对，这是提高做事效率和取得成功的第一步。

在工作中，你是否有过这样的体验：自己有才华和能力，却因为光知道埋头苦干、懒于思考、不会思考，结果总是做不对事情，不仅使自己忙个不停，还连累了公司其他人？要想改变这一状况，我们时常需要整理。

有句成语叫"三思而后行"，意思是说思考是我们工作和事业的指南，凡事要多动动脑子想一想，这是一种对工作顺序的整理，也是对工作思路的整理。其实要想提高做事效率，最重要的一条就是做事时多思考，整理好事情的前因后果、来龙去脉再干，第一次就将事情做对，把该做的工作做到位。

身为哥伦比亚大学的院长，赫伯·郝克先生是一个被诸多事务缠身的人，但他总能认真、负责地把事情处理妥当。在一次访问中，戴尔·卡耐基先生问道："要处理这么多学生的问题，你一定要随时做出许多决定。但是，你看起来十分冷静从容，一点都显不出焦虑的样子，请问你是如何做到这一点的？"

"其实十分简单，"赫伯·郝克先生回答道，"在接受某个任务或某个工作安排时，我并不会急着去做，而是回答'这事我先考虑一下'。通常我会事先收集好各种相关资料，并认定自己是'发掘事实的人'。接下来，我会尽可能去研究与问题有关的所有资料，我认为这并不浪费时间。等我研究完毕，正确的方法便产生了，因为这都是根据事实而来的，听起来很轻松，不是吗？"

不怕事情繁杂，就怕盲目去做。明白了这个道理后，当接收来自别人安排的工作任务时，你要认真听取对方的布置，仔细分析这个任务，并就不清楚的地方询问，切忌不懂装懂、随性而为，而使工作结果出现偏差，甚至失误。当一个人总能一次就把工作做好，做事效率自然是相对高的。

有个小村庄深处偏远的山区，非常缺水，人们每天要走很远的山路去挑水。为了解决水源问题，村里人修建了一个蓄水池，然后雇人每天给村里的村民们送水，省得村子里每一家都要辛苦挑水，盖伊和艾伦自告奋勇地承担了这个工作。

自从接手了这个工作之后，盖伊立刻挑起水桶干了起来，他每日奔波于远处的河流和村庄之间，打水运回村子，然后倒在蓄水池中供村民们使用。他起早贪黑地干着，累得半死，不过，好歹村民们的吃水问题解决了，盖伊也得到了村民们给的报酬，因此，他对自己的这份工作还是非常满意的。

艾伦自打跟盖伊一样接下这个工作之后就神秘地消失了，整整一个星期，人们都没有看见他的人影。大家都觉得艾伦是不是偷懒躲起来了，可是这样他也挣不到钱。盖伊则暗地里很开心，少了艾伦这个身强力壮的竞争对手，自己算是"垄断"了这个工作，尽管每天挑水很累，但是能挣到钱总是好的。

那么艾伦到底干什么去了呢？原来，他跑到了几十里外的山里去砍竹子了，竹子砍倒以后，他把它们都打通。一周以后，他拉着一大车打通的竹子回到了村里，请了一位做水车的师傅，在湖边架起一座高高的水车，然后用打通的竹子做管道，就这样建起了一个"自来水"输送系统。清水哗哗地沿着管道涌进了水池中，就这样，这个干旱的村子轻轻松松就彻底告别了缺水的日子。

不仅如此，艾伦还把这些竹子管道接到了其他缺水的村庄，现在他一个人同时为三个村庄送水，赚的钱远远比挑水的盖伊多得多了，而且他的工作可以说是轻松得多，每天只要按时检查一下水车是否在正常工作和管道有没有漏水就行了。由于艾伦一个人就包揽了输水的工作，盖伊也就失业了。

我们应该从这个例子中得到启发，盖伊每天都累得筋疲力尽，日复一日地工作，最后却落了个失业的下场。而艾伦一次性地把问题解决了，从此一劳永逸。很显然，就工作效率而言，一次性解决问题是最好的，是代价最小、收益最大的，是最高效的做事方法。

如果你有能力，很卖力，做事效率却远远落后于他人，不要疑惑，不要抱怨，你应该时常问问自己是否能第一次就把事情做好。如果答案是否定的，这就是你无法取胜的原因。如果你想有所改变，就要牢记，做事情要么干脆别动手，要么就一次性做好。对此，没有任何商量和回旋的余地。

06

不找借口找方法

在日常工作中，经常听到有人这样说："因为下雨堵车了，所以我才迟到了""都怪那个客户太挑剔了，我无法达到他的要求""手机没电了，所以我才没有及时联系上那个客户"……借口就像海绵里的水，只要有心去寻找，我们总能找到借口为自己的过失开脱或搪塞，获得些许的心理安慰。

可是，这样做的结果会怎样呢？

近半年，一家大型机械企业业绩持续明显下滑，即将到了破产的地步。老板非常焦急，于是召集各部门负责人开了一个季度总结会。在会议上，老板让公司的几个负责人讲一讲业绩下滑的原因。

销售经理首先站起来说："最近业绩不好，我们部门有一定的责任，但是主要原因在于我们的产品更新换代慢，而对手公司纷纷推出新产品，它们的产品明显比我们的好。"

研发部门经理说："我们公司的生产预算原本就不多，后来又被财务部门削减了不少。没有足够的资金支持，我们根本研发不出有竞争力的产品。"

财务经理说："我是削减了研发部门的预算，但是这也不怨我们。公司处处都需要资金，尤其是采购部的资金拨出占很大比例，我们的流动资金没有多少。"

采购经理忍不住跳了起来："我也想给公司省钱，但是这不是我能做主的。要知道，我们合作方的一个锰矿被洪水淹没了，导致了特种钢的价格上升。"

大家说："原来如此，这么说公司的业绩不好，主要责任不在我们……"

最后，大家得出的结论是：应该由合作方的矿山承担责任。

面对这种情景，老板无奈地苦笑道："矿山被洪水淹没了，这样说来，那我们只好去抱怨那该死的洪水了？"

故事中这些部门经理宁愿绞尽脑汁去寻找借口敷衍塞责，也不愿多花点心思把事情做好。一旦所有的部门都形成了这种风气，就会造成整个团队的责任心消失殆尽，毫无锐气和斗志，变得拖沓而没有效率，最终企业将走向没落。"树倒猢狲散"，最终公司和个人都要为这种推卸责任的恶习买单。

世界上最容易办到的事情，就是找借口。但要想实现高效，就不能有任何借口。因为任何借口，都会让你停滞不前，对现存的状况无动于衷。在这种状况下，你不再去思考克服困难、完成任务的方法。一个习惯找借口的人，必定喜欢推卸责任、懒惰且害怕失败，这样的人只会是低效的失败者。

为此，我们应该不找借口找方法。不找任何借口，专注工作目标，就可以没有私心杂念，把精力专注于工作；不找任何借口，全力以赴做事，就可以更好地挖掘自身的潜力，不断提高自己的能力；不找任何借口，勇敢承担责任，才可能尽最大的努力把事情做好，工作效率就会更高。

卡罗·道恩斯原是一家银行的职员，但他却主动放弃了这份职业，来到杜兰特的公司工作。当时杜兰特开了一家汽车公司，这家汽车公司就是后来享誉世界的通用汽车公司。道恩斯在工作中尽职尽责，力求把每一件事情都做到完美。工作六个月后，道恩斯给杜兰特写了一封信。在信中，他问了几个问题，其中最后一个问题是："我可否在更重要的职位从事更重要的工作？"杜兰特对前几个问题没有作答，只就最后一个问题做了批示："现在任命你负责监督新厂机器的安装工作，但不保证升迁或加薪。"

杜兰特将施工图纸交到道恩斯手里，要求他依图施工，把这项工作做好。道恩斯从未接受过任何这方面的训练，他甚至连图纸都看不懂，但他明白，工作没有借口，困难再大也要完成，决不能轻易放弃。道恩斯知道自己的专业技能不强，便自己花钱找到一些专业技术人员认真钻研图纸，又组织相关的施工人员，做了缜密的分析和研究。虽然其间遇到了各种各样的难题，但他都没有找理由推掉这项工作，而且还提前一个星期圆满完成了公司交给他的任务。

当然，卡罗·道恩斯最终也达成了自己的心愿，他获得了非常重要的职务，通用汽车公司的总经理，年薪在原来的基础上在后面添个零。

与其浪费精力去寻找一个像样的借口，还不如多花时间去整理解决方法。

这需要我们基于"方法"与"问题"的关系，从如何克服"找借口"的心理障碍、如何拥有解决问题的有效方法、如何把难题变成机会等多个方面思考，这是对一个人的思维习惯、行为方式和核心价值观进行的全面整理，将更好地发掘自身能力和潜能，从而更好地做好工作，为日后的成功做好铺垫。

　　任何时刻，当你感到找借口的恶习正悄悄地向你靠近，或当此恶习已迅速缠上你，使你动弹不得之际，你一定要对自己说一遍下面的话："我是一个不需要借口的人，我对自己的行为和目标负责，我要尽最大的努力。永远相信，方法总比困难多……"

07

瞄准"靶心"，找到工作的关键点

有一位哲学家学识渊博，却不善做事，总是处处碰壁。这天妻子临时有事，便让哲学家去河边放牛。等牛吃饱之后，哲学家想将牛牵进牛栏，但牛却较起劲来，死活不肯进栏。哲学家又拉又推，累得气喘吁吁，牛却丝毫未动。哲学家以为牛是故意在和自己作对，气得直跺脚。这时，妻子从河边拔了一把青草，一边喂牛一边向牛栏里走，很快就顺利地将牛带进了牛栏。

哲学家用尽全力又拉又推，牛死活不进，妻子只用了一把青草就让牛乖乖进了牛栏，可见做事情一定要有头脑，善于找到工作的关键点。

生活中，我们明明事情做得不少，却搞得乱七八糟；学习中，我们明明将课本复习了很久，可考试成绩却不理想；工作中，我们每天卖力地干活，可是领导并不领情。为什么会出现这种费力不讨好的现象？就在于一遇到问题，我们巴不得立即找到好的解决方法，却没有搞清楚问题本质和关键点。

要解决一个问题，首先要对问题的有关内容进行整理，然后抓住问题的关键点，弄清问题到底是什么。做到了这点，就等于找准了应该瞄准的"靶心"。

有一家核电厂的一台重要仪器出现了故障，导致了整个核电厂生产效率的降低。核电厂的工程师一个个轮番上阵进行修理，但始终没能解决问题。无奈之下，厂长只好请来一位全国顶尖的核电技术顾问。这位技术顾问四处走动，反复查看仪器，两天之后他在该仪器的左上方画了一个大大的"X"，然后对厂长说，"让你们的工程师把连接这个仪器的设备更换一下，问题就解决了"。工程师们把那个设备拆开，发现里面确实存在问题，便更换了，之后电厂完全恢复了原来的发电能力。

"真是太感谢了，"厂长激动地握着技术顾问的手，"请问我该付您多少报酬？"

"1万美元。"技术顾问回答得一点都不含糊。

"什么？"厂长一下子愣住了，在他看来尽管这个设备价值数十亿美元，并且由于机器的故障损失数额巨大，但仅仅在上面画了一个"×"就收费1万美元，这有些狮子大开口了。于是，他追问道："1万美元相对于这个工作量太高了，能否请您将收费明细详细地逐项分列出来？"

"在仪器上画'×'是1美元，查找在哪儿画'×'是9999美元。"技术顾问回答道。

这个真实的故事告诉我们一个道理：解决问题的时候，一定要抓住问题的关键，这样再棘手的问题也能很快解决。这种重要性就好比医生给病人诊病，医生只有把病因看准了、看透了才能对症下药，才能药到病除，才能避免头痛医头、脚痛医脚式的毫无效果的瞎忙，进而提高做事的效率。

"效率是'以正确的方式做事',而效能是'做正确的事'",著名管理大师彼得·德鲁克曾在其《有效的主管》一书中指出了这一道理,他认为:"效率和效能不应偏废,我们当然希望同时提高效率和效能,但在效率与效能无法兼得时,我们首先应着眼于效能,然后再设法提高效率。"

孙洲在某一建筑公司做项目工程师,这段时间他们的施工遇到了难题:他们要把电线穿过一根10米长但直径只有25厘米的管道,而且管道还砌在砖石里,并且拐了四五个弯,大家费了很大劲将电线往里穿,却怎么也穿不进去。后来孙洲想到一个好主意,到一个宠物店买来两只小白鼠,一公一母。

当看到孙洲拿着装有老鼠的笼子前来时,经理有些生气地质问道:"你买两只小白鼠来干什么?你觉得小白鼠很好玩是吗?我们都在这愁得白了头,你还有心情玩儿!?"

孙洲并不急于为自己辩解,而是叫来一个同事。他把一根线绑在公鼠身上,把电线拴在线上,并把它放到管子的一端,叫同事把那只母鼠放到管子的另一端,并且逗它吱吱叫。当公鼠听到母鼠的叫声时,便顺着管子跑开了,身后的那根电线也被拖着跑。就这样,小公鼠拉着电线穿过了整个管道。

经理恍然大悟,惊喜万分,决定重用孙洲。

巧干能捕雄狮,蛮干难捉蟋蟀。

世上任何一件事情,都不是要你耗费体力、耗费时间去拼命,而是要你带着大脑去做,要有合理的思考、智慧的分析。所以,做事时不能仅凭匹夫之勇,应该讲究方法,勤于思考,善于整理,抓住重点,让自己做的每一件事情都有它的意义,这是最聪明的做法,也是最高效的方法。

08

工作之前，先花时间整理团队

管理大师彼得·德鲁克说："企业成功靠的是团队而不是个人。"

对此，不少年轻人或许不服气。但你服气也好，不服气也罢，不懂团队配合你就输了。毕竟随着社会分工的日益细化、技术及管理的日益复杂，谁也不可能拥有所需要的全部资源并能独立地完成所有事情，很多工作都需要多人共同协作完成，如果没有他人的配合，那么整个工作流程就会出现问题。

有些公司总是业绩平平或是毫无业绩可言，很多管理者都有考虑过相应的改良方案，但是最后却因各种原因不了了之，究竟是为什么？员工能力不强、彼此配合不好等都有可能，但关键在于团队意识薄弱。比如，有些员工工作一年都不认识其他部门员工，正因为对公司以及团队缺乏认识，也没有接受相关培训，所以很难有良好的团队意识，让团队合作的磨合期变得较长，工作效率低下。

所以，当你下定决心改变自己的工作境况和人生境遇时，不如先花时间整理团队，学会团结一切可以团结的力量。

约翰·施特劳斯是世界闻名的"圆舞曲之王"，他曾经应美国当地有关团体之邀，在波士顿指挥一个拥有两万人参加演出的音乐会。一个指挥家一次指挥几百人的乐队，就是一件很不容易的事了，何况是两万人？很多人觉得施特劳斯不可能做到，然而他却做到了，而且获得了观众的一致好评。

那么，施特劳斯是怎样指挥一个如此庞大的乐队的呢？演出开始，人们发现了这个秘密，原来施特劳斯下面有100名助理指挥，他所指挥的，就是这100位助理指挥。2万人的乐队，再由这100位助理指挥去指挥，每位助理指挥分摊下来，也仅仅指挥了200人。这个团队的配合就像一个人，结果表演非常成功。

需要注意的是，团队讲的是协作与合力，在整理一个团队的时候，你既要认识到团队的重要，也要具备掌控团队的能力，并寻求最有效的方法提高团队的效率。其中最好的方法是，相互取长补短，达到优势互补，实现资源的最佳配置，充分调动整个团队所拥有的能力、智慧等资源。

在某一次户外拓展活动中，某公司员工随机分为A组和B组，进行一次攀岩比赛。这场比赛似乎一开始就预示了结局，因为A组的队员个个都是身强力壮的男士，而且身高均在1.75米左右，而B组有男有女，身材有胖有瘦，身高有高有低。比赛开始前，A组志在成功，反复强调一定要注意安全，齐心协力，快速完成任务。B组没有做太多的士气鼓动，而是聚在一旁，一直在低声合计着什么。

比赛开始了，A组在全过程中几处碰到险情，比如有人中途因体力不支掉队了，尽管大家齐心协力，排除险情完成了任务，但因时间过长最后输给了 B 组。B 组成功的秘诀是什么呢？这就是团队协作和合力的力量！原来在比赛前，他们就把队员个人的优势和劣势进行了精心的组合：第一个是动作灵活的小个子队员，第二个是一位高个子队员，女士和身体庞大的队员放在中间，垫后的当然是最具有独立攀岩实力的队员。于是，他们几乎没有任何险情地迅速地完成了任务。

没有完美的个人，只有完美的团队。

当然，一个新的团队组建后，由于成员的知识结构、工作方法、处事风格、兴趣爱好、性格气质各不相同，共事之初会有一个相互适应的过程。这就如同一台新出厂的车，需要一段时间的磨合。磨合的过程，是一个求大同存小异的过程，也是一个化解矛盾、追求默契的过程。这就需要团队成员相互尊重，相互包容。遇到意想不到的困难和问题时，要相互协商，妥善化解，以和为贵。

最后，请记住——这是一个瞎子背着跛子共同前进的时代。

09

突破"瓶颈",开拓你的缺失领域

在我们人生的某一个时刻,忽然会陷入"职业瓶颈"的困局——总是感觉自己上不上、下不下,卡在那里,动弹不得。空有一身气力,却不知往哪里使劲,仿佛被一根无形的绳索捆住了一般。无力、无奈、焦虑,更是如影随形。

孙杨,70后,在零售业具备十多年的工作经验。他是业务员出身,由于做事勤奋认真,为人实诚,执行力强,可以很快和陌生人建立信任关系并打成一片,业绩连续多年遥遥领先,如今被提拔到副总职位,年薪几十万。然而,随着职位的提升,孙杨并没有感到欣喜与快乐,而是感到满满的焦虑。

原来,孙杨之前没有做过管理者,一下子被提到管理层的角色时,面对的已经不仅仅是和客户之间的关系了,还要面对上下级关系,还需要管理更多的人。这时,心性单纯的他不知道该如何和上下级沟通,更无法站到更高的层面把控公司的业务流程,这令他每天的工作都如履薄冰,慌乱无效。

职业瓶颈让人备感心力交瘁，可如果我们仔细梳理不难发现，很多时候，瓶颈恰恰是在我们自身。长达多年的职业习惯，让这些"职场老人"形成了强大的职业惯性。然而，随着环境和职位的变迁，如果无法调整自己，不更新自己的认知与经验，只会让自己越走越窄，最终走进一条死胡同。

明白了这个道理后，你要想改变目前的工作现状，就需要整理一下自己，站在一个全新的角度看待自己，放下固有的知见和习惯，开拓自身缺失的领域，进而展现一个全新的自己，迈向一个更好的自己。或者更直白一点说，你要学着走出自己的"舒适区"。

每个人都有"舒适区"，什么是"舒适区"？就是在熟悉的环境中，做在行的事情，和熟悉的人交际感觉很舒适，一旦离开这个区域会不舒服。如在《谁动了我的奶酪》一书中，小老鼠在原来的窝里过得很好，一出去就感到彷徨、无奈、恐惧，所以它不愿出去，这个窝就是小老鼠的"舒适区"。

如何走出"舒适区"，这需要你先整理目前自身具体的状态，注意观察周围的环境和自己的处境，找出那些令你感觉不舒服，感觉不自在的事情。不要回避它，虽然害怕，仍要求自己去做；虽然尴尬，仍要求自己去做；虽然不会，仍要求自己去做。及时地调整自己，勇敢尝试你尚未尝试的体验。

有一篇文章，对此说得更为形象：

一位很优秀的教授带了八个研究生，个个出类拔萃。毕业了马上就要各奔东西了，临行前大家在一起聚餐话别，学生们请教授讲几句话，也可以说是给他们上最后一课。教授没有说话，只是找出一张纸，在纸上画了一个圆圈，中间站着一个人，周围是一座房子。教授开言说："这个圆圈里面的东西对你至关重要：你的住房，你的家庭，在这里你很自在、安全。但如果有一天你从这个圆圈走出去会发生什么？"

一个学生说："有危险，会害怕。"另一个说："会犯错误。"

教授摇摇头，大家鸦雀无声。教授再次拿起笔，又画了一个更大的圈，又画了一座更大的房子……"当你离开舒适圈以后，你学到了你以前不知道的东西，你增加了自己的见识，变成一个更富有的人。"

多么形象化的比喻！克服贪图舒适的心理，走出你的"舒适区"，做一些特别的——一些你以前不会去做的事情，才能不断地突破自我，才能不断地激发自我，人生的价值才能完美体现。一个人成长的过程，就是"舒适区"不断扩大的过程，也是从"不舒服"到"舒服"的往复历程。

她的母亲毕业于哈佛，从小就重视对她的教育，3岁时她开始学习钢琴，很快就坐在了母亲弹钢琴的凳子旁，开始母女合奏。4岁时，她掌握了一些曲子，开了第一个独奏会，之后便应邀在这个或者那个活动中演奏。16岁时，她考入了丹佛大学音乐学院，那时候她的愿望是成为一名钢琴家。谁知，在大学里的一堂国际事务课改变了她，那堂课的主题是列宁的继承者斯大林，她发现"政治居然那么有意思"，她决然地要改变自己的路，放弃音乐学习，而改学国际政治概论。

对于女孩的这一决定，母亲是反对的，"十几年的学习和努力之后，你弹得够好了，你现在不能放弃"。但女孩还是"从音乐中跳了出来"，踏上了国际关系政治学领域，学习政治学和俄语。她学得很刻苦，为了全面地掌握俄国的各种事务，她不满足于课堂老师教授的知识，经常去图书馆查阅资料，也时常会关注各种新闻事件。19岁时，她获得了丹佛大学政治学学士学位；26岁时，她获得博士学位。之后，她进入斯坦福大学国际安全和军控中心继续从事研究。最终，她凭借着在国际政治学上的真知灼见，在政界平步青云，最终成为美国历史上第一位黑人女国务卿。

你一定猜到了她的名字——康多莉扎·赖斯。

现在你已经看到了，扩展舒适区的过程让人受益匪浅。你会更加了解自己——比如知道自己到底适合什么工作，有哪些特长。如果你愿意走出舒适区，尝试接触新的事物、新的生活，你会收获成长和进步，用武之地就更广阔了，你获得新机会的可能性也会更大，令自我焕然一新。

我们也可以说，我们的"舒适区"遵循着"不进则退"的原则，只有不断地拓展，才能不断地扩大舒适区，进而感到踏实和安定。

第 5 个习惯

营造有条不紊的工作环境

01

给自己一个高效率的办公环境

办公室是工作的重要场所，办公环境的好坏直接影响我们的工作心情和工作效率。

会客椅隐藏在外套下面，烟蒂随手丢在花盆里，纸盒、书籍等随意堆放……请注意，办公室不是放置物品的仓库，当身在凌乱不堪的办公环境时，我们的大脑中也是混乱的，容易导致惊慌、紧张、烦恼，工作效率变得低下。这就需要我们及时对办公室进行整理，保持一个干净整洁的环境。

韩国的OKoutdoor.com是一家主营登山装备及野营装备的网上销售商城，1994年公司成立时只有3700万韩元的启动资金和一间16平方米的办公室。然而经过6年的成长，它的销售额已经跃居同行业第一，至第十年时又创造了1000多亿韩元的销售额。2010年，OKoutdoor.com在企业创新大奖中获得了"韩国国务总理奖"，后来开始持续占据韩国户外用品网上销售商城的第一位。

是什么原因使OKoutdoor.com公司实现如此辉煌的成功呢？OKoutdoor.

com 公司的社长张成德给出的解释是："所有事情都是从整理开始的，我们公司的上班时间是早上 8 点 30 分，但所有的员工都会在 8 点 20 分时赶到公司，5 分钟打扫私人空间，5 分钟打扫公共区域，要打扫得一点灰尘都没有，而且能把物品分类。"

是领导强迫员工们这样做吗？"不，是我们自愿的，"一位员工在《朝鲜日报》的采访中说，"在打扫卫生的时候，公司上下不分职务高低，都要身体力行，这是为了创造出一个能让人专心工作的环境。"的确，将办公室打扫得干干净净之后，心情会变得清清爽爽，工作效率也会大大提高。

一句话，整理不是单纯为了环境整洁，更是为了"提高工作效率"。

对此，美国微软的前总裁比尔·盖茨说："你的表现和你的工作空间保持一致。如果工作空间井然有序、一丝不苟，那么你就具有工作的倾向和动力。"的确，凡是"工作能力强的人"，其整理能力也很强。相反，不擅长整理的人，无论他能力有多强，其工作效率往往都很低下，也不可能取得大成就。

也许这话听起来有点武断，但效率的确是整理出来的。整理办公室后，身处一个干净整洁的环境，会使心情晴朗很多；想要的东西很快就能找到，我们的思路会更清晰。所以，当你在工作中意志消沉或心情郁闷时，不妨从整理办公环境开始，把办公室打扫得干干净净，让一切东西都井井有条。

黄觉创办了一家 IT 公司，由于程序员的工作很枯燥、很压抑，所以整个公司的气氛也很低沉，业务发展并不好。黄觉心想："我既不能给职工提高工资，又发不了奖金，那么能为职工干点什么事情呢？"想来想去，他决定拿起笤帚亲自打扫卫生，他每天都一丝不苟地打扫走廊、窗户、办公室。这样的举动让员工们大为不解，他们不知道老板做这些闲人或底层人士干的事情有什么用,但黄觉却认为,整天困在一个杂乱无章的环境中,头脑和心灵就都不可能清醒。

再后来,只要迈入办公场地,员工们就会看到窗明几净、办公物品摆放井然有序,这是一幅令人神清气爽的美景。随着公司环境变得越来越干净,员工们的工作效率也越来越高。

维护办公环境看似是一件小事,但其实是对工作心绪的整理。如果工作空间井然有序、一丝不苟,那么你就会更具有工作倾向和动力。古人云"一屋不扫,何以扫天下?"如果连小事都不愿做,那还谈什么大事!

02

整洁桌面，让工作井井有条

有心人应该已经注意到，在同一个办公室办公的同事，办公桌的整洁程度却有天壤之别，有的人办公桌东西码放整齐、井井有条，有的人办公桌东西一团糟。虽然这表面看起来只是个人习惯的问题，但对于上班族来说，办公桌就是另外一个小家，井然有序的办公桌不仅能让你心情舒畅，还能提高工作效率。

老张是某互联网公司的部门经理，今年公司新来了两个实习生，一个女孩，一个男孩。实习期即将结束，老张想到他们办公室坐坐，顺便考察下两个人平时的工作状态，决定谁去谁留。"我默默走过去，这两个员工工作都很认真，但男孩的办公桌有点惨不忍睹，桌面上散放着各种资料，还有吃过的泡面盒、快递盒也乱堆在一旁。文件虽然是靠着隔板堆放，但仍旧歪七扭八。再一看女孩的桌面，没有杂乱的东西，而且文件堆放整齐，桌面上还点缀着小植物，看起来整洁干净。"最终，女孩被正式聘用。

仅仅根据一张办公桌就能决定谁去谁留，老张的选择看起来有些随意，不够正式。但桌面上总是堆放一堆东西，抽屉里总是塞满了文件，谁会喜欢一张凌乱、堆满东西的办公桌呢？大家也很难把一个座位上杂乱无章、文档堆积如山、桌面布满灰尘的人和一个守纪律、办事效率高、重承诺的人联系起来。

所以，不管你有多么忙，想要让自己保持简单高效的状态，要做的第一步就是让办公桌回归整洁。整理自己的办公桌，其实就是一个打理工作的过程。如果你能合理配置办公桌上的空间，把办公桌整理得井井有条，相信你也就具备了将各种纷繁复杂项目整理成序的能力，你也就更容易脱颖而出。

收拾办公桌的第一步就是把垃圾扔进废纸篓，这项任务的重点是垃圾，这和做收纳时的道理一样。此时，你要扔掉那堆没用的纸张、塑料餐具、坏掉的钢笔，也就是一切可以被称为垃圾的东西，把它们都清理出去。如果你花了10秒钟以上来考虑是否要扔掉某样东西，那就把它放下，继续清扫。

芝加哥和西北铁路前总裁罗兰威廉斯曾说："那些桌上老是堆满东西的人会发现：如果你把桌上整理干净，只保留与手头有关的东西，这样会使你的工作进行得更顺利，而且不容易出错。我把这一点看为好管家，这也是迈向高效率的第一步。"

整理的最终目标是：需要的东西能尽快拿到。拿出一张白纸，为你的桌面画一个平面图，思考一下：我在办公时会需要些什么？哪些东西是必需的？怎样既节省空间，又美观？这样思考之后，就可以简单地确定办公桌上可以放置什么物品了。

一般来说，电脑、电话以及签字笔、订书机、记事本、即时贴等，这些都是办公室较为常用的东西，最好把它们放在桌面上。注意，办公桌的中间位置一般放计算机，将准备处理的文件放置在左侧，排列好顺序。电话、书写工具和记事本等，最好集中摆在桌子右侧(如果你不是左撇子的话)，这样你就可以一边左手接听电话，一边右手持笔记录了，工作效率定会大增。

为了拿取方便，有用的文件不能随便堆放，要专门放在一个固定的文件夹里，并像整理档案一样用标签区分不同类别，比如"通知文件""各类补助""交通出行""部门活动"等，整齐地码在一起后，竖着摆放在前面。这样当你准备去开会或者打电话的时候就可以随手拿起文件夹，找到所需的资源。一定要保证文件夹的时常更新，不能越积越多，否则它就会变成你过往工作的"史料库"。

工作区总会有一些像夹子、大头针、胶带等细碎的工具类用品，散乱放置会使桌面杂乱无章，而且不管摆得多整齐，拿来拿去之后很快就会让桌面凌乱起来。对于这些小物品，不妨选择一款简易收纳盒集中存放，放到随手能取到的地方，这样既可以使物品收纳整洁，也便于在使用时拿取。

有些人会在办公桌上摆放私人物品，如照片、书籍、零食、化妆品等，这些与办公无关的用品，只会显得办公桌杂乱无章，而且容易分散工作时的注意力。私人物品当然可以带到办公室，但是最好放到边上不显眼的地方集中收纳，或者放到抽屉里面。如果东西实在超多，可以选用能摞起来的收纳筐。

整理办公桌是一件非常简单的事情，但同时也非常私人。我们没有一个确切的方法或者唯一的标准，只有你自己才能判断哪种整理方式是最好的，具体的方式也可以根据你的习惯进行变化，因人而异。总而言之，整理桌面的核心原则就是：让所有东西更井井有条，让你的工作更富有效率。

桌面的整洁重在保持，可以在每天下班前，把所有的东西归回原位，第二天来的时候就可以立刻进入新的工作。

03

如何"拯救"你，我的电脑

有人粗略地算了下，目前大部分办公人士每天用电脑的时间至少在六小时，也就是一半以上的工作时间都与电脑打交道。除了为房间、桌面等进行整理外，你有没有想过为电脑做一个系统的整理呢？

回想一下，你是否经常出现如下的情况：

面对茫茫的资料库，想要的文件不知存在哪里了，找也找不到；

有的资料保存了好几份，但不知道哪个是最新的，于是不得不重新查阅；

电脑使用时间长了，变得越来越慢，甚至出现过热死机、无法正常开机等故障；

……

以上情况不仅令人尴尬，而且耽误工作效率，为何不考虑将电脑整理得更高效呢？想象一下，上司让你马上提交文件时，当客户问及某个数据时，你从容地打开电脑，然后通过一个非常有条理、系统化的文件编排系统，快速给出答案，这样的高效率自然会给对方留下深刻印象。

每个人收藏的资料不一样，整理规则也不一样，而规则是根据每个人的习惯定义的。所以，对于任何一种分类法来说，适合你的才是最好的。你最好根据自己的需要，定制出一套适合你的整理方法。

比较科学的整理方法，如下：

要想让电脑变成一个真正合格的秘书或"外脑"，就要把大量的有用信息都放进去才行。这些信息不仅是工作方面的内容，也可以是私人的信息，也就是说我们的日常生活都可以由电脑进行管理。这样，我们就可以尽量不把自己的脑力浪费在记东西上，而是集中在思考上，工作效率自然得以提升。

当然，信息的收藏不能随意，而需要"归档"。"归档"是将具有保存价值的电子文件，按照其一定的联系组合成文件的组合体，这是一种高效的编排归档方法。简单地说，就是创建清晰明了的"目录"结构，合理整理、分组你的文件。为此，在你下载文件或者新建文件时，不要图方便都直接放到桌面，要确保把它们放在固定的文件夹中。

例如，你可以使用"我的文档"或"我的电脑"，按照属性把通用的同类文件和文件夹放在这一个大的文件夹内，如文稿、报告、日志等可放到"我的文档"里。在已经分好类的文件夹中，你还可以创建子目录，根据自己使用的习惯和要求，把相关的文件分别存放到目录中，这样方便备份和查找。

为了保证电脑内的所有文件都被有序地管理，对文件的命名必须重视，最好制定一定的规则。例如，用容易记住的词给文件命名、把关键词放进文件名称中、按时间顺序或名称顺序简单排列一下等，这能让你不需要打开文件就知道大概的文件内容，并且方便以后检索，这样的命名才是好命名。

为此，你可以在目录或者某一个总的文件夹内，再创建"工作""个人""朋友""家庭"等分类。名为"工作"的文件夹，就把与工作有关的文件都存进去；或按照日期和时间，相关的人、活动事件，文件类型，地点等分类，如"国庆上海五日游游记""2017年春季洽谈会"。只要让目录看起来更容易识别，方便你尽快找到即可。

一个文件夹中有上百份文件的话，查找会比较费劲，所以得继续往下建立子目录。请注意，文件夹分类的逐级细化，能够帮助我们区分文件的类别，但是切勿过细地分类，因为这将带来结构级别的增多，级数越多，检索和浏览的效率就会越低。任何分类法的原则必须且只能是：为了更快找到需要的文件，一切与此原则相悖的分类法都应舍弃。因此，建议整个结构最好控制在三个层级之内。

对于资料来说，最重要的是了解存储的资料对你是否有用。如若不能吸收转化为知识能力，资料再多也不能体现其价值，而且会让你的文件过于繁杂。试想，一年前的文件还和你现在正要处理的文件摆在一起，几个月前的邮件还和新邮件放在一块儿，你能快速找出自己想要的东西吗？很难。

及时地处理过期的文件、无任何保留价值的文件、有时效性的文件，备份该备份的，删除不需要的，这是信息整理的重要习惯。

所以，当搜集的某一资料有更新时，我们要随手把原有的资料删除；即便不舍得删掉的，也要在其他文件夹中备份，而保持当前工作的相关文件夹中稿件的最新版本。对于一些周期性的工作，一旦工作周期结束就要及时处理，把已经结案的工作文档存档——存档时只需保留最终版本即可。

04

纸质文件越少越好

大家试想一下,有没有想要找一份文件,可翻遍整个办公室却找不到?乱七八糟的各类文件一大堆,想要从中找到自己需要的那一份却很不容易,这样自然会大大影响办公效率。

纸质的文档管理不仅给自身带来了很大的不便,同时给社会环境造成了严重污染,因此,对纸质文件资料进行合理整理,尽量减少纸质使用势在必行。

纸质文件因为不太占地方,再加上人们"多留一张纸没什么大不了"的心态,很容易堆积起来,造成"不需要时很碍眼,需要时找不到"的后果。和许多物品一样,纸质文件整理的基本原则就是没用的就丢弃,无须思考。

为此,你需有一个实用的小工具——多层文件盒。多层文件盒的上层放新文件,下层放旧文件,具体的顺序是"新到文件"—"待办文件"—"保留文件",总之是按照时间的先后来排序摆放。那些刚收到的文件或传真等,明显没有用的就丢弃,有用的先放到上层,等有空时再办理。整理时如果遇见一些问题,无法确定是否有用时,不妨把它们放进"保留文件"的托盘里。

美国华纳—兰伯特公司总裁梅尔·古兹刚上任时，该公司的资产总额仅有 90 亿美元，资金周转十分困难。但仅仅在短短 7 年内，梅尔·古兹就将公司资产提升到近 609 亿美元，这样的办事效率是很高的。在谈及自己的成功秘诀时，梅尔·古兹说："很简单，不要让你的资料泛滥成灾，要定期拣选并清除。我刚接手这个重任时，做的第一件事就是把一大堆没用的文件整理出来扔掉。"

从现在开始，整理并分析一下你的纸质文件，仔细判断哪些文件是可以丢弃的。保证自己只有最少的纸质文件，才能保证有用的文件起到相应的作用。

整理的秘诀其实就是良好的分类，对任何物品都是一样的。整理纸质文件时绝对不能偷懒，要将所有文件根据内容归类，放入不同的档案袋中。不必分得太细，按需求把握好大方向，并在档案袋外面用关键词以简单注明即可，比如"业绩考核""各类证明""税务记录"等。按照关键词将文件分类，按照时间顺序注明页码，每类打出目录，目录大体应包括文件名、文号、页码。

另外，不同纸质文件有不同的尺寸，一般来说用 A4 纸打印的文件最多，建议尽量把文件统一成 A4 纸。如果文件大小不一，看上去会不整齐，整理起来会很费劲，还很容易弄丢。如一些大尺寸的文件中常常会夹杂着小纸页，一不小心就会把小纸页弄丢。这时，不妨先复印成 A4 尺寸再保存。

减少了纸质文件，我们的管理也就变轻松了。当然，更直接的一个方法是——电子化。把文件尽量保存到电脑，实现办公自动化的转化。只要给文件取好名字，随时都可以在电脑中检索到，也就不需要再专门整理了，这样做既可以减少整理的时间，也减少了纸张的浪费，为环保做出了贡献。

请相信，放置简单、标注简明、分类明确，每一周整理一次，那么纸质文件无论多少都可以轻松整理，工作效率也会随之提升。

05

摘录，阅读的浓缩精华

人们常说广读诗书才能知天下，古人也常教导我们读书要破万卷，坐拥一屋子图书，极富满足感。但随之而来的一个问题就是，书多了如何对它们进行有效的整理？

"书是一本本淘来的，是按自己的喜好挑选的，多多益善。"

"别的东西我都舍得，只有书是我的珍宝，精简不下来。"

这样的话，相信是许多爱书人士的心声。但在整理工作上，这只是借口罢了。

大部分的书，其实都可以被处理掉。因为"书"作为一个物件，和其他文件一样，有价值的是书内的信息，而不是书本身。你舍不得的其实也不是书，而是它们所代表的东西、你赋予这些书的意义。

一本书如果对你有用，那么它给你带来的影响，完全能够反映在你自己身上。你平日的待人处事、工作态度、生活方式都是最好的证明。这本书已经完成了它的使命，无须保留，你自己就是最好的纪念。不要把已经彻底读完的书遗留在常用书架上，很多人就是因为这样，书架才会越来越乱。

英国有一个叫亚克敦的读书人，他一生嗜书如命，除了把自家的7万册藏书都读遍外，还博览群书。亚克敦一生都在不知疲倦地阅读，直到68岁逝世。亚克敦算是世界上读书很多的人了，但是除了考取过54个文凭外，他终身没有取得创造性的成就，因此被后人讥讽为"两脚书橱"。

可见，真正意义的阅读不是读的书越多越好，而是将书中的精华内容转变成自己思想的一部分。如何做到这一点？作为一种读书笔记的方法，摘录可以迅速收集系统的信息，而且能够加深我们对信息的印象，有利于记忆。无疑，这是一种高效的资料整理方法，也是帮助我们养成整理习惯的过程。

一个现实问题是，不少人整日都在忙着做摘录，明明积累了很多的信息，但在与别人的交谈以及自己写文章的过程中，却会惊奇地发现自己记住的内容已经不少了，而别人的各种见解明显比自己高出很多……这种人心中一定烦恼不已，其中的原因就在于，不会有技巧地摘录，或者干脆说不会整理资料。

摘录，是需要技巧的。所谓有技巧地摘录，就是带着目的去读一本书，哪些信息是必要的，哪些是不必要、可以忽略的，把自己觉得重要的、有用的信息或是在书中发现的问题挑选出来，一边读一边做笔记，通过反复阅读这些摘录，汲取精华，这是一个筛选的过程，是一个简化和放弃的过程。

英国著名诗人、剧作家莎士比亚说过："书籍是全世界的营养品。"他酷爱读书，自幼年就开始与书籍为伴。他一生写下了三十七部戏剧、一百多首诗，读过的书籍更是数不胜数。不过，莎士比亚认为图书并非越多越好，读书也不可以死记硬背，而提倡有系统的略读或粗读。把书打开来，东翻翻西翻翻，快速评估这本书的主题或思想线索，在无关紧要的间隙部分读快一点，重点挑几个看来和主题息息相关的篇章来看，摘录书中的主要论点和精彩字段。略过那些不懂的部分，把这本书读完后在总体上进行分析总结，再重读时增进理解，这样的精简最是高效。

提高阅读的效率，提高摘录的效率，以提高做事的效率，这是非常必要的。

不要期待把每一点信息都摘录并且理解，信息是远远超出你所处理的能力之外的。而高效的资料处理，就是减少一些浪费在不那么重要的信息上的时间。所以，阅读一本书的时候，你要懂得如何运用整理的力量来做信息的摘录。筛选富有价值的图书，将关键字或句子圈出来，在重要地方做标记……

舍得，有舍才有得。去其糟粕，才能取其精华。即使使用摘录的方法，我们也需要对书籍进行选择，以免时间的浪费以及精力的无效付出。

那么，怎样选择书籍呢？大体来说，可以考虑如下几个方面的因素：

1. 这本书可以让我收获什么？

如果一个人能够明确自己想要什么，需要什么，接下来的行动就会清晰具体，不会耗费太多时间和精力。"这本书可以让我收获什么？"回答这个问题可以让你明确阅读的关注点，同时也增加阅读的积极性。

有时候生活和工作中遇到无法解决的问题，并不是能力不足，而是知识不够而已，相应补充这方面的知识，情况自然会得到改善，所以选书时首先要明确自身的目的，根据自己的实际需要去选择。比如，当你想要创业，但你对创业中可能会出现的问题并不了解，更进一步说，你不懂如何做好财务管理、不懂如何建立与管理团队。当面对这些问题时，你一定要选择创业类的书籍，不管是财务也好、管理也罢，你要按照自己的需求去选书。在进行选择时，如果自己拿不准，最好向名家或有经验的人请教一下，也可以通过自己的浏览进行比较，提取精粹。

2. 这本书什么地方吸引我？

如果不是搞研究、做学问，那么你所拥有的大部分书，应该都是根据兴趣爱好所选择的。一个人对自己感兴趣的东西才会投入时间和精力，选择自己感兴趣的图书，这是阅读一本书的动力所在。那么什么地方是自己感兴趣的？这可以是书的包装、题目、作者、目录、内容，甚至是一段文字。

像网络上列出的某些名人阅读书单、某位大咖写的书评涉及的书籍、知名的书评与读书笔记的网站、微信公众账号等，时常都会有好书推荐。只要平时多留意，你就可以有效减少胡乱搜书的情况，节省你的购书时间，增加你选择优秀书籍的可能性。

切记，单纯追求阅读量并不能真正解决问题。人的精力是有限的，我们要把精力和时间用到高价值、高质量的内容上面。

06

做好剪贴报的整理

与图书不太一样，报纸、杂志等刊物的期限非常短，一天、一周或一个月就过期，此时有人会选择丢弃，然而一些实用的又希望能反复阅读的资料，扔了实在可惜；有人则习惯收藏起来，结果刊物越积越多，而且新旧混淆在一起，导致很难找到自己需要的资料，于是时间被浪费，也会影响工作效率。

怎么办？一个有效的方法是做好剪贴报的整理工作。剪贴报是指把从报刊、杂志、宣传材料等上面剪下的文字、图片资料，整理粘贴并集纳成册。剪贴报只保留有用的部分，或是有资料价值的内容，其余的看后就可以丢掉，这就是之前我们已经提及过多次的"扔东西"的整理方法。

马彬是一家知名报社的主编，为了做好这份工作，他订阅了各种类型的报刊和杂志。上班期间，只要一闲下来，他就会读读报纸、翻翻杂志，不久他的办公室里就堆了一大摞刊物，显得空间很是拥挤。每次助理准备帮忙收拾一番时，马彬总说："不要，这些东西说不定我以后还会看。"结果，他每次找资料时都要东翻西翻，很是费劲。渐渐地，马彬一进办公室就会变得非常暴躁、焦虑。

这是怎么回事呢？有人建议马彬先做一番整理，"那些刊物只保留有用的部分，其余的统统扔掉"。"这样就能改变吗？"马彬虽然有所怀疑，但还是决定照做。接下来，他开始剪贴刊物上那些有用的、重要的文章，把其余没啥用的部分都扔进垃圾袋。经过这样的处理，原本厚厚的一摞刊物，最后只剩下一些精华了。这样一来，马彬找资料变得轻松多了。

看到了吧，我们每天面临的信息多种多样，而真正的高效在于最大限度地保留有用的信息。将看过的报刊杂志，有值得留下来的资料，尽量平滑、整齐地剪下来，贴在16开大小的白纸上，并注明选自某报（某刊）某年、某日、某期，每页剪报不贴满，留出一定的空白，便于以后查阅可做点笔记。

剪贴的材料一定得分类，这样更方便日后查找。你可以根据自己的兴趣、爱好分类，也可以从体裁、内容等方面分类。例如，新闻、百科、诗歌、科技、军事、环境等。如果是长期的收集，可以将事先粘贴好的分类活页白纸装订成册，并编制目录索引。如果想收藏，按月订起来，到年底合订，加封面，保存起来。

显而易见，这样一个收集、整理、处理信息的过程，可以带来整理能力的培养、时间的节省、高效的执行，何乐而不为！

07

备忘录，比你的记忆更靠谱

经验说：记忆总像放电影一样在脑海中萦绕。

实验说：我们的记忆很脆弱，每分每秒都受到各种干扰。

你是否有过这样的经历：有些事情你都在头脑中规划过了，你以为自己能够按部就班地做好。但是记忆总是会不知不觉"欺骗"我们。比如，你明明记得 A 是这么说的，但是事实上 A 并没有这么跟你说过，而是 B 的陈述；再比如，领导让你周二递交一份工作报告，但你却记成了周三……

在如此种种情况下，有时你也会怀疑自己：我是不是老年痴呆了，怎么总不记事呢？其实真的不能完全怪你的记忆能力。事实是，我们大脑的空间是有限的，如果需要记住的事情太多的话，它就会很容易处于混乱不堪的状态，导致我们的记忆力下降，出现丢三落四的状况，进而导致工作效率低下。

怎么改变这一状况呢？我们需要适当使用备忘录。

备忘录是记录有关活动或事务，起揭示或提醒作用，以免忘却的一种记事性文书。而日常生活中常说的"好记性不如烂笔头"就是备忘录效应的例证。

美国心理学家巴纳特曾以一群大学生作为对象，进行了一个实验，研究了做笔记与不做笔记对听课学习的影响。当时他准备了一份介绍美国公路发展史的文章，以每分钟 120 个词的中等速度读给大学生们听。他把大学生分成三组，每组以不同的方式进行学习。A 组为做摘要组，要求他们一边听课，一边摘出要点；B 组为看摘要组，他们在听课的同时，能看到已列好的要点，但自己不动手写；C 组为无摘要组，他们只是单纯听讲，既不动手写，也看不到有关的要点。

学习之后，巴纳特对所有学生进行回忆测验，检查对文章的记忆效果。实验结果表明：在听课的同时，自己动手写摘要的 A 组的学习成绩最好；在听课的同时看摘要，但自己不动手的 B 组的学习成绩次之；单纯听讲而不做笔记，也看不到摘要的 C 组成绩最差。

可见，备忘录是为有限的记忆力而预备的。

你在备忘录上记什么、如何记，意味着你每天想什么，希望做什么，做些什么事？换言之，备忘录的使用是你所做的一个详细计划。利用备忘录记录你的工作安排和计划，你就不会轻易忘记那些重要的事情，并且明确地知道你的约会、商谈或谈判于何时何地进行，不会工作没有思绪，进而能及时地做好工作；记录你的工作状况，对于自己做了什么做到心知肚明，你将能更高效地做好工作。

当然，备忘录的关键不仅仅在于记录，也在于收集和整理，这就要求你把所有信息、任务、想法等，从你的大脑里面整理出来，然后记录到纸质本子、APP、Web 版应用中的"日事清"等。记忆随时可能被打乱，因此建议你随身携带一个笔记本，做到随时随地都能收集和整理，才能起到最佳效果。

一般来说，我们需要收集整理的内容有：承诺他人的事情，如和客户的约见、向领导递交报告；接收到的各种材料需要处理；生活中的各种杂事，如帮家人买生日礼物，参加孩子的家长会……总之，只要是跟自己有关，需要过问或做的事情，都统统整理到备忘录，提醒自己准备下一步处理。

做好了备忘录工作，你会发现做事更靠谱。

第 6 个习惯
在短时间内完成更多的事情

01

高效率，就是善用"一分一秒"

新时代的职场竞争比的是什么？信息？资金？技能？……似乎这些都对，然而很多成功人士，靠的并不是这些；而有的人即便拥有以上优势，发展并不一定顺利。因为，在这些资源之外还有一种很容易被忽略的资源，这就是时间。这是个高效率的社会，在最短的时间里得到最大的收益非常重要。

时间是很公平的，它给予每个人的每天都是 24 小时，谁也不能用魔法变出一天 25 个小时，但有些人之所以能在相同时间里做出比别人更多的成绩，就在于他们十分珍惜和重用时间，对时间的整理十分精细，甚至精确到分、秒，如此可以把 24 小时延长至 28 小时、30 小时，甚至更多。

有一次，一个年轻人前去拜访美国著名的发明家、科学家本杰明·富兰克林，并与他约好了见面的时间和地点。当年轻人如约而至时，意外地看到本杰明的房间里乱七八糟，一片狼藉。本杰明耸耸肩，对年轻人说："我这房间不太整洁，请你在门外等候一分钟。"然后就轻轻地关上了房门。

一分钟后本杰明打开了房门，这时年轻人的眼前展现出另一番景象——房间内的一切已变得井然有序。

一分钟居然能使房间发生这么大的变化，年轻人很是诧异。本杰明拿出两杯红酒，客气地说道："干一杯吧！喝完这杯酒，你就可以走了。"

年轻人愣住了，带着一丝尴尬和遗憾说："我还没向您请教呢……"

"这些……不够吗？"本杰明微笑着扫视自己的房间，"你进来已经有一分钟了。"

"一分钟？"年轻人若有所思地说，"我懂了，您让我明白用一分钟的时间可以做许多事情，可以改变许多事情的深刻道理。"

可见，一个人要想提高做事效率，就必须对时间进行整理，一分钟都不能浪费。

成功与失败的界限在于怎样整理时间，怎样分配时间，不过人们往往认为，一分钟、一秒钟没什么用，但时间上的差别非常微妙，往往需要久些才看得出来。

甲和乙都有意考取某所名牌大学，其间，甲每天学习八小时，而乙每天只学习七个小时五十九分钟。

一天，乙对甲说："为什么那么辛苦，少读 1 分钟也不会怎样，不如多睡一分钟。"

甲反驳道："我每天多读一分钟书，就是为了一年多读一天书。"

乙对甲的说法不屑一顾，说道："多读一天书又怎样？"

转眼到了应考时间，成绩公布后，甲刚好达到录取分数线，而乙却只差一分而已。乙仰天痛哭，因为多睡一分钟觉而要白白等一年。

一寸光阴一寸金，寸金难买寸光阴。时间是非常宝贵的，用"分"来量化时间的人，比用"时"来量化时间的人，时间多 59 倍。

这也就意味着，如果你能充分利用上天赐予的每一分钟，珍惜每一秒钟的价值，有意识地把一分钟、一秒钟当作一个时间单位，一刻不停地学习、积累、进步，你就可以在有限的时间里做更多的事，你就可以做出大成绩，赢得更高的效率，赢得时间能够给予的一切，包括自己的未来。

02

列一个具体的时间表

要如何整理时间，利用好每一分、每一秒呢？

最简单有效的方法——列一个具体的时间表。

列时间表，就是把时间划分为一个个小段，你可以以一分钟、一小时为一段，也可以以一天、一周等为一段，然后安排进相适应的内容，为各个时间段命名、写备注，即做出你的时间安排和计划，在某一特定的时间内要做哪些事情。通过这些整理过程，你的时间将以可视的形式呈现，并且一目了然。

比如，你可以规定每个月的某一天的某一个时段去做某一件事，如12：30～13：30为午休时间；你也可以计划在某一周内做某一件事情，如一周内读完一本书。其间你可以自主地进行各种安排，这样举例的目的就是告诉你，任意时间段都可以量化、分类并重新分割和组合使用，使我们更形象地认知时间的构成和利用状况，这样时间也可以像空间一样被便捷地整理。

下一步，也是最重要的一件事——有效率地实行，将行程表上的工作，一步接着一步地完成，通常让所有事情得以更快的解决。

在这一方面做得最好的，非"美国金融大王"约翰·摩根莫属。

摩根非常注重时间的管理，他每天都会对自己的时间进行合理的整理。例如，每天早上上班前，或者每天晚上睡觉前，他会在自己的时间轴上，填充上确定时间段需要做的具体事情，上午10点处理一个重要文件、11点参加一场为时一小时的部门会议，下午3点半与客户签署一份合同，等等。

一般情况下，摩根会在上午9点30分准时进入办公室，下午5点回家。上班期间，他总是待在自己的办公室，员工们是很容易见到他的，但如果没有重要的事情，他是绝对不会欢迎别人进办公室的，因为那会打扰到他的工作思路，影响到他一天的时间安排和任务计划。在和一些人会面时，开始和结束的时间，他必须要精确到几时几分才行。而且，除了与生意上有特别关系的人商谈外，他与别人谈话的时间绝对不会超过5分钟，更不会在上班期间闲聊，他不允许自己那么做。

在与别人谈话时，摩根总会积极主动地判断对方来谈话的内容是什么事，而且他的判断通常都是正确的。所以，和他说话时，一切转弯抹角的方法都会失去效力。就算他猜不明白，他也会直截了当地问你，争取谈话尽快进入主题。对于那些没有什么重要事情，只是想找个人来聊天，却耗费了工作繁忙的人重要时间的人，摩根简直是恨之入骨，他会毫不留情地终止谈话。

摩根的这种做法看起来有些不近人情，但却让他的工作效率变得更高，也让他更成功。

看到这里，有人肯定会说，什么都计划好的生活多么无趣，时间整理是这么无聊的东西。其实，这是对时间整理的极大误解，时间整理最重要的功能是透过事先的规划，作为一种提醒与指引，使我们更形象地认知时间的构成和利用状况，以便督促自身依照计划去做事，进而使时间价值最大化。

时间表列出来之后，为了确保计划施行，你需要有效的时间管理工具，许多日常用品都可以利用，如手表、时钟或日历本等。选择一种你喜欢且方便的工具，放在你容易取得的地方。比如，开始一天的工作时，你可以按照时间表定制截止时间，时钟一响就停止此刻正在进行的事情，转做接下来的事情；在日历本上记下时间计划，星期一做工作总结、星期二给妻子过生日、星期三参加朋友聚会等。

每天结束时，你要回顾一下当天的时间表，了解整体情况进展如何，具体情况怎么样，对自己的时间安排进行检查和评价。

一般来说，你要了解下面几个方面。

我是否完成了所有安排的事情；

今天有多少活动使我更接近我的目标；

今天效率最低的事情是什么，效率最高的事情是什么；

如果再有一次机会，我会在哪些地方做得更好；

通过改进，我是否能提高时间质量；

……

仔细考虑这些问题后，你就能够确定自己此时此刻应该做什么，把更多的时间花在更有价值的事情上，让时间变得更有效率和效力。

03

把空闲时间利用起来

在当今这个生活节奏紧凑的年代，我们似乎每天都没有充裕的时间去做想做的事，所以许多念头就此打消了，许多计划就此蹉跎了。生活中，常听到这样的抱怨："我的时间不够用，许多要干的事都没有干""现在根本没时间，关于梦想的事，等以后再做吧"……你是否也有同感？

但真的怪时间吗？不是，是我们尚未对空闲时间进行整理。所谓"空闲时间"，是指不构成连续的时间或一个事务与另一事务衔接时的空余时间。

在一个班级上，一群学生跟老师抱怨，每天都要上课，没时间看书、写作业，很多计划执行不下去。老师得知这一情况后，什么也没有说，拿出一个大桶，并用大石头将大桶装满，问："满了吗？"学生们齐声回答"满了"。老师没有说话，接着向水桶里装了很多沙子，再问"满了吗？"学生们看了又看，回答说"满了"。老师轻轻笑了，又拿来一盆水，倒进水桶，居然连一滴水都没漏出来。

这个故事启示我们，时间不可能集中，往往会出现很多零散时间，充分利用大大小小的零散时间，将零散时间用来从事零碎的工作，可以有效提高工作效率。

艾里斯顿的故事很有启迪性，和大家共享。

艾里斯顿很小的时候就开始学钢琴，他是一个勤奋的孩子，每天一练琴就是三四个小时，他认为自己做得很好，但他的钢琴教师爱德华却不赞同："你将来长大后每天不会有长时间的空闲的，你可以养成习惯，一有空闲就几分钟几分钟地练习。比如在你上学以前，或在午饭以后，或在工作的休息余暇，五分钟、五分钟地去练习。把小的练习时间分散在一天里面，如此弹钢琴就成了你日常生活中的一部分了。"

那时艾里斯顿才14岁，他对老师的话未加注意，但后来在哥伦比亚大学教书的时候，他才深刻地领悟到这一真理。艾里斯顿想在课余时间从事创作，可是上课、看卷子、开会等事情，把他白天、晚上的时间完全占满了，差不多有两个年头他不曾动笔写下一个字。后来，艾里斯顿想起了老师的话，他决定实验一下，每天只要用五分钟左右的空闲时间，写作100字或短短的几行就行。

出乎意料，在那个星期的周末，艾里斯顿居然积累了相当厚的稿子。后来，他用同样积少成多的方法，创作了一篇长篇小说。再后来，他的教授工作一天比一天繁重，但是每天仍有许多可资利用的短短闲暇。同时他还练习钢琴，他发现每天小小的间歇时间，足够他从事创作与弹琴两项工作。再后来，艾里斯顿成了美国近代著名的诗人、小说家和出色的钢琴家，取得了辉煌的成就。

鲁迅说："时间就像海绵里的水，只要你愿意挤，总还是有的。"凡在事业上有所成就的人，大都善于将那些零碎的时间，那些被分割得支离破

第6个习惯

在短时间内完成更多的事情

碎的时间,那些常人不注意的零零碎碎的时间,都收集利用起来。变闲暇为不闲,提高时间的利用价值。

格劳·福特曾是当今世界上最大的化学公司——杜邦公司的总裁,身为总裁的他时间总是被各种工作安排得很满,但他却写下了一本关于蜂鸟的书,这本书被权威人士称为自然历史丛书中的杰出作品。格劳·福特的时间从哪里来的?他的回答是:"每天挤出一小时来研究蜂鸟,并用专门的设备给蜂鸟拍照。"

休格·布莱克原本是一名很普通的年轻人,他没有受过高等教育,知识不渊博,能力也不出众。但在工作之余,他每天挤出一小时到国会图书馆去博览群书,包括政治、历史、哲学、诗歌等方面的书,数年如一日,从未间断过。结果,他最终进入了美国议会,成为美国最高法院的法官。

……

当看到这么多人利用空闲时间大有作为时,我们还有理由抱怨自己没时间吗?

把空闲时间利用起来,具体可以这样做:

每周你花了多少时间在上下班的路上?一般来说,至少要好几个小时。那么,不妨学着好好利用这段时间。如果你开车上下班,可以买些录音带学学外语,听听商务报告;如果你坐公交或地铁,可以读书、看报,还可以将一些英语单词、工作事项等记在小卡片上,不时地看一看、想一想。

用餐时间通常不会有人打扰,为什么不尝试着学个外语单词呢?找到一个单词,检查它的含义,并想出几个例句,一年后你就能大体掌握一门外语。

每逢双休日时肯定会有一些空闲时间,即便白天没有,你也可以在晚上尽量不看电视,然后抽出一定的时间学学钢琴、练练书法,做自己喜欢做的事。

04

世界永远属于早起的人

一家公司提倡人性化的出勤制度，推销员的出勤时间随意，出勤延迟，相应地下班也延迟，只要保证每天工作6小时即可，公司这样做是有意提升推销员的热情，但事实证明公司的业绩一直很悲惨。重视"推销员出勤过晚"这一事态的经理乾坤一掷，推行了相应的对策——所有推销员早上八点半之前必须到公司，迟到一分钟罚款50元。而且规定个人指纹打卡，具体出勤时间，一查指纹一目了然。

这样做带来了什么结果？很快事实向众人证明，长期迟到的推销员开始陆续提早出勤，业绩随之提升。原因是什么？推销工作竞争十分激烈，讲究先下手为强，早晨能拜访多少客户、能做多少商品推介、能多大程度地动起来，这是决定业绩的关键。谁能比别人提前出动，谁就能独占鳌头。

想高效利用时间吗？想快速获取成功吗？你恐怕不得不早起。

世界权威学术机构的多项健康研究证明早起拥有诸多好处：

早起者精力旺盛，精力集中，而且头脑更清晰、更灵活，能够快速投入注意力要求较高的工作和学习中，也不容易疲劳，工作效率更高。

早起有利于提升代谢率，改善血液循环，情绪会更加积极向上，自我感觉更好，心灵会趋于平静稳定，性情会更加和善。

长期坚持早起的人，可以对一天进行更加合理的计划，原来没有时间完成的事，可以在早晨及时落实，提高工作效率。

……

俗话说"早起的鸟儿有虫吃"，任何行业的成就都不是临时抱佛脚可以得来的。有些人之所以成功，不是因为他们比我们聪明多少，也不是他们懂得比我们多多少，而是他们比我们更好地整理和利用了早晨的时间。

放眼国内外，成功者的一天都是从早晨开始的。

苹果公司首席执行官蒂姆·库克每天凌晨4点半就开始发送邮件，然后去健身房锻炼一段时间再正式开始工作。在一次接受采访时，库克曾表示自己每天都是公司第一个到办公室的人，他为此感到十分自豪。库克早起的习惯来自他的前上司——乔布斯。乔布斯每天凌晨四点起床，九点半前他就已经把一天工作完成了。

帕德马锡·沃里奥是思科前首席技术和战略官，如今科技界内最具声望的女性高管之一。在就任思科首席技术官时，她每天凌晨四点半起床，然后花一小时时间阅读公司邮件，接着查看新闻、锻炼、做早餐，并照顾好儿子。而且，所有这些事情都会在八点半之前完成。

台湾地区被誉为"经营之神"的王永庆，每天凌晨三点准时起来做毛巾操、看公文、思考决策等，他表示：这段时间很安静、无人打扰，自己能同时处理多项事情，然后八点准时上班。

在美国有一个著名的"五点钟俱乐部"，呼吁人们每天坚持早晨五点起床，然后做一些力所能及和有意义的事，如读书、运动、写作、沉思、计划。赫尔·塔尔梅奇是美国赫赫有名的前参议员，他就是"五点钟俱乐部"的一位成员，每当有人和他约定采访时间时，他都会说早上五点就可以，"我每天早上五点起床，这个习惯始于在法学院念书时。那时我热爱读书，是早上第一个到图书馆的学生，所以每次都能借到自己想阅读的书，这用中国人的话说就是'早起的鸟儿有虫吃'。要赶在太阳升起前爬起来需要相当的毅力，但利用这段时间提前做好事情，就比别人更强"。

……

早起的优势恰恰在于其时间的充裕，早上的时间段干扰最少，你将拥有更多专属的时间去安排自己想做的事情。如果我们能学会利用这段时间来做一些重要的事情，那即使这一天什么都没干，我们也会觉得很有收获。当然，慢慢来，先不用巨变，不妨先将自己的起床时间提前半个小时。

世界永远属于早起的人，如果闹钟响了你还不想起床，那就想想你今天需要完成的事情，不做又会错失多少机会。机会都是需要争的、抢的，有时晚一分钟，你就失去了资格。想到这里，你是不是马上就能清醒了？这正如一句话所说——"每天叫醒我们的不应该是闹铃，而是梦想。"

05

速度为先，走在别人前面

当有人终于攻克某一产品的技术难关，还来不及庆功时，却发现竞争对手已抢先申请了技术专利；当有人做好某产品入市的准备工作后，还没来得及外推，却发现市场上已有同类产品，且已经畅销；当有人欲聘请某技术权威为公司顾问，增加公司知名度时，该权威已于一天前接受了竞争对手的邀请……

这样令人生憾的事情几乎每天都在发生，原因很简单——速度决定一切，谁快谁才能赢。

在快节奏、竞争激烈的社会中更是如此，速度往往是胜负的决胜点，我们只有更快地抢行动，才可能在最短的时间内实现最多的目标，具备更强的竞争力。如果你不幸落到了人后，那么就只会陷入被动地位，离被淘汰的命运也就不远了。所以，所谓高效率，就是凡事要"快"，不要"慢"。

"永远比他人领先一步。"这是富士康集团CEO郭台铭经常对员工讲的一句话，而且他自己正是这句话身体力行的实践者。在业界，郭台铭是一个最善于抢占先机的人。他不像某些企业的管理者那样喜欢坐在办公室里，把所有事情计划周密后再发号施令，只要是认准了的事，他就会抢在别人前面第一时间去做。

比如，一次海外某公司的采购员准备到台湾地区采购一大批计算机方面的产品。为了争取到这个大客户，一家公司的主管亲自带队，另一家公司的董事长亲自出马，在机场等待这位采购要员一下飞机就将其接往自家公司。出乎意料的是，当那位采购要员出现在大家视野中时，他的身边竟然站着郭台铭，两个人谈笑风生。原来郭台铭早就掌握了对方的行踪，并抢在客户转机来台时"巧遇"他，并和他搭上同一航班抵台。最重要的是，其间他们已经达成了合作意向。

郭台铭凭借仅仅比别人领先一步，就为公司争取到了一大笔订单。

回想一下，你是不是总难逃第一个到公司，最后一个下班的命运？别人花半天时间就能完成的任务，你是不是总得花整整一天，甚至是两天才能做完？……这时候你可能会愤愤不平，并且还会怀疑大家做事不够仔细，打马虎眼。其实，是你比别人慢了一步而已，你没有充分整理和利用时间。

小咖在一家快消品公司做办公室工作，由于公司每天的业务量很大，工作事项十分繁多。按照小咖自己的话讲，忙起来的时候连上厕所都要掐着时间去。那一年，公司办公室只招聘了两个人，一个是小咖，国内985的一位本科毕业生；另一个是从德国留学归来的"海龟"，硕士。在履历上，小咖显然不如"海龟"同事有优势，但一年的工作结束后，他的绩效却比"海龟"同事好很多，在主任那里似乎更受重视和重用。

"我比另外那个同事更重视时间的效率，"小咖解释说，"比如，有一次主任让我们做市场拓展的方案，并要求三天内提交。一接到任务我就火速地行动起来，调查市场、研究资料等，每天熬夜加班到两三点，两天后我以最快的速度做了一份方案，然后拿着它去找主任，反复斟酌里面的一些方向和措施是否妥当。回来后再把主任给的一些关键性意见补充进去，第三天就提交了可行方案。"

"那个海龟同事呢？"有人追问。

"他比我晚了整整一天才提交方案，我获得了时间上的优势，所以最终主任采用了我的方案。"小咖说道，"其实对于我们这些职场菜鸟来说，主任哪里真的会用我们的方案去拓展市场，更多的是考验我们对市场的敏感和专业程度。所以我明白，只要把关键的信息节点想好后就可以去找主任了。"

小咖和"海龟"同事为何会出现这么大的差距呢？其实道理很简单，小咖凡事比别人快一步，提前提交工作成果，能为领导留出更充裕的调整时间，这样的人高效地利用了时间，高效地完成了工作，没有理由不从众多员工中脱颖而出，没有理由不出类拔萃，没有理由不受到领导的重视和青睐。

戴尔公司的CEO迈克尔·戴尔说："在这个行业里只有两种人，行动快的人和死人。"

高效其实很简单，提前整理你的时间，早早着手做事，永远走在别人前面就行了。

06

善用人体的"生理时间表"

怎样的工作安排才是最理性的？

怎样的工作安排才是最有效的？

这是很多人都在思索的问题，对此，每个人都有自己的想法，但前提是善用人体的"生理时间表"。世间万物都有一定的规律变化，比如四季轮回，春去秋来，我们的身体也是一样的，它依照内在的生理时钟，在一天之中有着不同能量表现，这就需要我们依照身体节律去工作、去学习、去生活。

你有没有过这样的体会：同样是工作一小时，有时精力充沛，积极性很高，效果也很好；有时却精神萎靡，不仅觉得工作没劲，效率也会降低不少，这就是"生理时间表"在体内起的作用。科学的"生理时间表"，要求的是整体时间的使用最佳化，也就是说，在同样的时间消耗情况下，争取在最高效的时间段工作，进而提高时间的利用率和有效性，让时间所制造的生产量最高。

现在我们就来统一整理下，一天中人体的"生理时间表"。

00:00 至 06:00 这是人体的"休眠期"，这段时间是最佳的睡眠时段，效果最好，此时肝、胃等器官处于休眠状态，也是最佳排毒时间，必须熟睡，不宜熬夜。这段时间好好地休息，会让你在醒后神清气爽，容光焕发。

06:00—09:00 这是人体的"高潮期"，俗话说"一天之计在于晨"，机体休息完毕并进入兴奋状态，肝脏已将体内的毒素全部排净，头脑清醒，大脑记忆力最好。所以，如果有一些需要记忆或发散性较强等整理工作，一般选择这个时段做比较好。

09:00 至 11:00 这段时间被称为一天的"精华期"，此时身心都处于积极状态，大脑具有严谨、周密的思考能力，创造力也会很旺盛，这时是工作与学习的最佳时段。如果谁在此时喝茶聊天，那他将虚度一天中最清醒、最高效的时刻。

12:00 至 13:00 这是人体的"午休期"，人的精力慢慢消退，反应也会比较迟缓，此时最好静坐或闭目休息一会儿，但时间也不能太长，半小时或者一个小时就够了。这段时间如果没有条件休息，那就适当做做简单的运动，或者听一段音乐，让身体放松一下。

14:00 至 15:00 这是人体的"高峰期"，是人体分析力和创造力得以发挥淋漓的极致时段。利用好这一个时间段，用于思考、阅读及写作等，往往就能保证一天的高效率。

16:00 至 18:00 这是人体的"低潮期"，这时人体处于体力耗弱的阶段，反应迟缓，不适宜进行高难度、复杂的工作，不妨做好总结或善后工作，让一天的努力有个较好的结尾。另外，有实验显示，此时感觉器官尤其敏感，长期记忆效果非常好，因此你也可以合理安排一些需"记忆"的工作。

19:00至20:00 这段时间体内能量消耗，情绪不稳，应为人体"暂憩期"，此刻的休息是非常必要的。最好能在饭后30分钟去散个步或沐浴，放松一下，缓解一日的疲倦和困顿。

20:00至-22:00 这是人体的"夜修期"，这段时间为晚上活动的巅峰时段，大脑又开始活跃，反应迅速，记忆力也会特别好，此时可以进行商议、进修等需要思虑周密的活动。

23:00至24:00 这是人体的"夜眠期"，经过一整日的忙碌，体内大部分功能趋于低潮，精神困倦，此时工作效率最低，应该放松心情进入梦乡。千万不要再思考过多的问题了，因为那样会让身体过度负荷，严重影响到第二天的工作状态。

当然，我们每个人都有自己固定的作息习惯，在一天当中最有效率的时段不尽相同。比如，有些人可能在早晨最有精神，这样的人是"早起有虫吃的鸟儿"；某些人上午的工作效率不高，到了下午精神才慢慢好转；还有一些人是越晚精力越旺盛。因此，我们在遵循一般性的"生理时间表"的基础上，再结合自己的巅峰及低潮期，好好地运用它。

07

休息也是高效率的保证

关于时间整理，最重要的是整理你的精力，而非单纯的时间。

相信许多人曾遭遇过这样的窘境，为了完成任务，连续工作时间过长，就会头脑昏沉。继续工作，效率几乎等于零，还弄得自己疲劳过度，身体不适。可见，效率的高低和时间的长短没有直接关系。人只有在清醒状态下做事，才会是高效率的，否则就算我们花费再多时间做事，效果也会很差。

为此，你一定要做好时间整理，做到该做事的时候做事，该休息的时候休息。有句名言说得好："不会休息就不会工作"，所谓的"会休息"与"会工作"，就是指正确把握工作与休息之间的度，不管工作多么忙碌或多么紧张，必须留有足够的休息时间，使自己劳逸结合，以保持精力的旺盛和大脑的健康。

怎样才能做到劳逸结合呢？

1. 尽量保证八小时睡眠时间

大量事实证明：充分而有效的睡眠能够让我们提高工作效率，让我们更理性地作出正确的判断和决定。因此，为了能够更好地做事，必须要有充足的睡眠。

一般情况下，人体对睡眠的要求是青壮年一天睡 7~9 小时，少年和幼儿增加 1~3 小时，老年人减少 1~3 小时，这是不同年龄段对睡眠时间的要求。

医学家发现：当人们每天睡觉少于 8 小时，精神集中程度将下降 30%，工作效率和创造力下降 25%~50%，所犯错误多达 25%，而增加的厌烦感至少在 30%。短缺睡眠 4 小时的成年人，足以降低 45% 的反应能力，衰老速度比睡 7~8 小时的人高 2.5~3 倍，死亡率是正常人的 2.5 倍。

因此，成年人每天该保证 7~8 小时的睡眠时间。晚上 22 点至凌晨 4 点是最佳睡眠时间，入睡的最晚极限不能超过 23 点。因为 23 点到凌晨 1 点属于深度睡眠时间，是我们真正的休息时间，睡好了能保证醒后神清气爽，精力旺盛。

2. 尽量安排半小时午睡

每天保持 8 小时睡眠，其他 16 个小时不睡，这是绝大多数人的生活模式。但经过一上午的辛苦工作，人体能量消耗较多，脑细胞已经处于疲劳状态，此时不妨想方设法安排一次午睡，使大脑及身体的各个系统得到短暂放松与休息，这是下午能够更好开展工作的重要保障。研究表明，中午休息 10~30 分钟，可以帮助我们应付繁重的工作压力，赚回近两个小时的高生产力时间。

3. 适时地停止你的工作

我们应该学会经常性休息，在疲惫感到来之前及时休息。只有这样才能让我们的精力一直保持旺盛，能够让我们在清醒的状态下高效率地做事。

人的注意力是有限的，研究表明，成年人大约只能持续40分钟。工作中每过30～45分钟就离开你的办公桌、停止你正在进行的工作，站起来随便走动走动，舒展舒展筋骨；凭空远眺一下，做一下眼保健操；坐下来喝喝茶，伸个懒腰等，让自己的注意力转移一下。只需要3～5分钟的时间，你会发现身心会瞬间轻松愉悦许多，而且如此之后，你在工作上会有更多好的想法，而且精力也更充沛了。如果担心自己会忙得忘记时间，不妨用一个闹钟设定时间，加以提醒。

　　工作是一项长跑，不是百米冲刺。一次有效的休息，会使效率高得多。

第 7 个习惯
对生活和心灵进行定期清理

01

方法结合工具，让衣柜焕然一新

衣服太多乱糟糟，出门找衣服把柜拆，这是许多人不得不面对的生活难题。为什么衣服难找，堆成山还整天倒？因为你没有好好整理你的衣柜。是的，衣柜和人生、工作一样，同样需要整理。打开衣柜时，看到自己喜欢的衣服整齐地一字排开，这应该是一件让人心情愉悦的事情。

当然，这需要学一点衣柜整理学。

最首要的一点就是，集中你所有的衣物，记住是所有地方，衣柜里，抽屉里，沙发上，阳台上晾晒的，必须一件不漏地把所有同季衣物集中到一起。然后判断去留，相信大家对判断这个步骤都很熟悉了，这里要提醒大家注意一个重要的思维转变：从挑选最爱的衣服开始。回想一下，哪些衣服被翻牌次数最多，哪些搭配获得最多赞美，哪些衣物你穿上后自信爆棚，相信挑出"最爱"是小事一桩。找出你最喜欢的那些衣物，而那些污渍的、破损的、不再合身的，或很久没穿的统统扔掉。

在这里，提供给大家一种"衣架反转大法"，这是一种高效的衣柜整理术，就是季初把所有衣服的衣架反向悬挂，穿过后再把衣架正向放回，这样一季下来，那些从来没穿过的单品们就一目了然了。这下证据确凿，淘汰起来不纠结。

衣柜应该简洁又舒适，里面的每一件都是你穿着频率高的心爱衣服。一个好的衣柜就是，衣物的质量比数量更重要，不需要每天早上都对着衣柜和镜子苦恼今天穿什么，或者怎么这个场合没有衣服穿。想象一下，每天打开衣柜就能马上想到今天要穿什么，该是多么轻松、多么美好的事情。

衣柜整理看似大工程，但其重点在"穿"上。如果你想要更有效率，建议把衣物进行分类，也就是将同一类的衣物放在一起，如衬衫类、外套类、夹克类、长裙类、西裤类等。常穿和不常穿的衣物要分开一下，不同季节的衣物也要有所区分。请注意，这时也要考虑家庭成员结构，将男性和女性的衣物，大人和小孩的衣物分开，这样你就能对衣柜内部空间进行再分配，也便于今后快速找到需要的衣物。

折叠是最常用的一种衣物整理法，适用于T恤或线衫等不容易出褶的衣物。这一方法非常简单，你只要根据场合的大小，将衣物折叠成相同尺寸或宽度的四方形就可以了，然后层层排放堆叠。当然，如果你把某件衣物的特征、典型翻在外面并折到最上方，比如衣服的某个标志性图案、标志性的纽扣等，再好不过。这样整理好了不但衣物不爱出褶、整齐美观，而且一目了然。

做完这些整理工作之后，你还要善于借用整理工具，如衣架、收纳盒、储物箱等。

最好选择多个隔层的衣柜，这样可以让你把衣物、鞋子进行分区摆放，满足多衣物的摆放需求，比如当季和常穿的衣物放在随手可取的位置，隔层最上方可以根据自己的实际选择放一些不常用的东西，如不应季的衣物，或行李箱、被子等，而换季时不穿的鞋子整理干净放回鞋盒，可以储藏在衣柜的底层。如此在视觉上既整洁又美观，在使用上又很方便，一眼就可以看到自己想要的衣服，不必翻找半天。

一些笨重的毛衣、卫衣和牛仔裤，尤其是大衣、衬衫、长裙、裤子等易皱的衣物等，最好采用挂式整理法。花点钱去买一些衣架，将这些衣物整整齐齐地用衣架垂直挂在衣柜中，可以使你的衣柜空间最大化，而且确保衣物不会混乱或是倒塌。吊挂时最好采用同种规格的衣架，可能有的人觉得有点极端，不过当你把以前各种花花绿绿，形状大小各异的衣架全部换成一致后，整个衣柜的质感会提升不止一点半点。

如果衣柜的空间是有限的，衣物整理不当、保存不当，不但看起来纷乱肮脏，并且不便查找。建议你在储物架上放置一些收纳箱，用来放置平时不常穿的衣物。内衣、袜子、配饰等小杂物，可以利用无纺布可视收纳袋存放，这种布料结实美观，防潮防虫，而且透明设计会为你找寻衣物节省不少时间。

俗话说"工欲善其事，必先利其器"，如果你有了很棒的整理方法，再加上好用的工具作帮手，一定可以把整理工作妥当安排的，让衣柜焕然一新，既能最大限度利用空间，同时方便存放、拿取衣物。当然，你的个人风格不是一成不变的，整理衣柜一定要经常性，及时处理那些不适合的衣物。

02

随身物品，贵精不贵多

从学生到上班族，不论双肩包、单肩包、手提包、斜挎包，每个人的随身包里一定少不了各种各样的小物品，钥匙包、钱包、卡包、PSP、手机、化妆包、车钥匙、名片夹、充电器、数据线，等等。现在请翻翻看你的随身包，里面有什么东西呢？是整齐还是杂乱呢？请注意，这将决定你做事的效率。

不要不以为然，细节决定成败。一个做事有条理、工作高效的人，其随身包一定也会整理得整洁而有条理。这句话一点不假，那些善于整理的人，平时携带的东西会整齐地放在随身包里，他们有极强的"预测"能力，知道未来一天会出现什么问题，也会提前把需要的资料、材料准备好。

佐藤可士和是日本广告界的风云人物，他不仅完成了木村拓哉所在超人气偶像组合 SMAP 的整体形象策划、麒麟麦酒株式会社的啤酒饮料产品开发及广告设计，同时也是优衣库的艺术指导。对于自身的成就，佐藤可士和归功于整理，整理的最终目的是要人时刻保持清醒的精神状态，以做出最迅速准确的判断。

和每天背着大包出入的职场人士不同，佐藤可士和的随身物品清单非常简洁——手机、住家钥匙、卡片收纳包（内有信用卡两张、工作室的卡片钥匙、纸钞数张）、零钱，因为东西不多，所以他出门多半是空手，东西收纳在口袋里或一个小的随身包，他也从未遭遇过关键时刻找不到东西的尴尬。

当然，这种"预测"能力并非天生的超能力，而是一种提前准备和整理的习惯。那么，究竟该如何整理随身包，让生活变得井然有序呢？

对于赵丽来说，每次出门都是一种折磨，因为她的包包太大、太重了，"我也很喜欢小包，但我每天出门要带的东西太多了，小包根本装不下。"一次和朋友聚会时，有朋友试着提了提赵丽的包，不禁大呼，"这简直是练举重。"朋友让赵丽把包里的东西都掏出来看看，发现她带了：三个充电宝、一个巨大的化妆袋、保温杯、药、巨大的钱包、装票据的包包、名片夹、各种会员卡、笔记本、手机，甚至还有一部相机……朋友很不解地说："你只是出来和我吃个饭而已，这些东西你都要用吗？"赵丽说："不啊，但它们一直都在包里，我去哪儿都带着……"

你是不是也像赵丽这样，每天都带着大量用不上的东西出门？

整理的一大原则就是，只要你不需要的东西，那么它就一文不值。随身包整理的第一大原则，就是贵精不贵多。这需要我们定期清理随身包，取出一些非必需的东西，比如出租车票、一些硬币、没有喝完的矿泉水、购物小票等，你只需保留必要的、常用的钥匙、纸钞、手机等物品即可。

虽然随身包里的东西已经尽量减至最低，不过全部都散在包里也真的不太好找，因此要将同类物品整理在一起。比如，工作需要的签字笔、工作证、记事本、工作资料等放在一起；生活需要的钥匙、纸巾、手机等放在一起；对于经常携带化妆品的女士，可将唇膏、眼影、腮红等一一摆放在一起，这样不但方便拿取，视觉上也更加利落。请注意，不要安排得太满，留点空间以备应急之需。

随身包要每天固定整理一次，这个习惯乍一听很麻烦，但实践起来真的很简单。你只要在包包收纳位置找一个盒子或是抽屉，把它设为每日随身携带物品收纳处。每天一回到家，就把随身包里的东西统统放到这里。这样做的好处是，不仅可以让物品井然有序，而且换不同的包出门时也无须倒腾。

03

改变，点燃生活的新体验

十年说着同样的话，十年穿着类似的衣服，十年留着一样的发型，十年守着相同的习惯……或许这是个怡然自得的人，却不大可能成为成功人士。因为每天重复着相同的工作和生活，日复一日，日子久了，思维慢慢地僵化，生活了无生趣，内心也会麻木，进而导致生活质量下降以及做事低效。

如果希望改变这种状况，这就需要对生活进行一番整理。

在以往的生活中，你是否有过这样的体会：把书桌从卧室东面移到西面，空间变大了，心情也变爽朗了不少；整天西装革履地上班，突然一身休闲打扮，年轻了不少。久吃食堂，偶尔蹲在路边摊点，哪怕尘土飞扬，也觉得大快朵颐。每换一次手机、一个新的发型都给我们带来好几天的愉悦感。

再比如，周末或假期，无论是去寂静的山间田野，还是去繁华热闹的街市，还是去一个陌生的地方，让自己远离一下司空见惯的老地方，走走不一样的路，看看不一样的人，做做不一样的事情，那种感觉一定很特别，虽然可能会有一丁点的担忧，但更多的是一种新感觉带来的快乐和放松。

诸如此类，生活中的一个小小改变，并无须过多的整理工作，却能大大改善生活。这个改变可以是接触新的事物、学习新的知识、做从来没有做过的事、取得从来没有过的成就，等等。总之，就是不要重复昨天的事，打破生活的常规，让生活充满新鲜感，人生才不会无趣，才能精力充沛地做事。

精力充沛是高效学习和工作的前提，也关乎一个人呈现出的个人形象。越来越多的人已经通过大大小小的改变，逐渐整理了自己的居住环境、生活态度，甚至重塑了自己的品质人生。

艾文是个朝九晚五的上班族，上班，下班；再上班，再下班，日复一日，年复一年，日子过得安逸却单调。艾文不喜欢自己的工作，他不喜欢周围的人，他还不喜欢自己的生活，最后对自己也没有什么好感，做什么事情都无精打采，他时常抱怨"现在过的正是今天就能把一辈子看到头的生活"。

艾文每天都走同样的路上下班，一天他突发奇想，决定换一条从没走过的路。这个时候，他突然感觉时间变慢了，因为风景和接触的人不同，让自己处于一种高度紧张和兴奋的状态。用一样的时间，却不仅仅是赶路那样简单，还收获了美丽的风景和心情。艾文顿时意识到，原来一点小改变就可以体验全新的生活。

后来，艾文又要在阳台养鸟，但妻子极力反对，这不是老年人的生活吗？他却不以为然，执意买下了一对鹦鹉。养鸟不易，喂食、垫土、清洁羽毛，挤占了不少时间，可一对小小的鸟儿却让生活大为改观。关掉刺耳的闹钟，每天早上在鸟儿叽叽喳喳的温声细语中醒来，一天的惬意从此刻开始。

后来艾文又在阳台上种了几盆绿植，塞下一个鱼缸，原本局促杂乱的角落，布置得生机盎然。夫妻二人置小几、茶具于其间，饮茶观景，静坐闲聊，在城市的水泥丛林中，拥有了一块田园牧歌般的小小天地。

这些就像单调的乐章里有了几枚灵动的音符，令枯燥的生活有了新气象。

我们常常借用海德格尔"诗意的栖居"这句话，来表达对生活的一种期望。不要埋怨生活的一成不变，稍微花一点心思，整理和改变生活吧。请相信，这种全新的体验会使你获得愉悦感、舒适感，进而迸发出更多的活力和灵感，提高做事的效率。

04

心灵"扫除",把垃圾丢出去

巴特瓦人居住在扎伊尔境内开赛河和刚果河中游地区,他们几乎与外界隔绝,常年靠狩猎为生。由于缺少与先进文化的沟通,巴特瓦人的生活十分艰难,至今仍处于较为原始的部落状态。然而,巴特瓦人从来不曾为生存环境的恶劣和生活的窘迫而感到悲苦,他们几乎是整个非洲最快乐的群体。

为什么会这样?是巴特瓦人天生乐观吗?不,据说,这与巴特瓦人一种独特的仪式有关。

每年冬末春初的时候,所有巴特瓦人会选择某一天一同聚集到酋长家里。那天,酋长会穿着华丽的衣服,闭目坐在阳光下,他的双手则撑开一个大大的编织袋。然后,所有聚集在这里的巴特瓦人会依次走上前,并对着口袋说上一会儿话。等所有人都说完了,酋长会带领所有人登上高山悬崖,将编织袋丢下去。

这是一种宗教仪式吗?其实不是。原来,巴特瓦人对着编织袋会叙说

第7个习惯
对生活和心灵进行定期清理

一年来发生在自己身上所有不愉快的事情。比如，自己或家人哪个季节得了一场重病，哪一次追赶野兽时跌伤了腿……他们将自己的苦恼"装"进编织袋，然后被酋长抛到悬崖底下，这也预示着那些不顺利将彻底告别自己。

在漫长的人生岁月中，我们也经常会面临一些不愉快和烦恼。一个不打扫的屋子，将落满灰尘，堆满杂物、垃圾；一个不清理的心灵，就像堆满废旧物品的房屋，也将会堆满负面的能量、负面念头，让人烦乱不堪。所以，我们要经常及时地加以"打扫"，使思想得以净化，身心变得通透。

几乎每个人都经常会有这样的感触，有些事情明明已经过去好久，却不时在脑袋里闪过并在心里激起波浪；成败得失、伤痛烦恼深刻于心，时时让自己背负无形枷锁，这样的生活，怎会让人感到快乐？像巴特瓦人那样学着打扫心灵吧，丢弃掉那些多余的负担，丢掉那些旧的创伤、旧的束缚等。

罗伊·格劳伯是美国哈佛大学的物理学教授，一生致力于量子光学方面的研究，他渴望获得诺贝尔奖，可惜到他七十多岁时也没有如愿。格劳伯开始怀疑自己对量子光学的研究是一个错误，为此他感到后悔、痛苦、无助。正在这时，一个科学杂志举办了一场"搞笑诺贝尔奖"，获奖者自费到场领奖，奖品是廉价手工艺品。格劳伯参加了这次活动，当看到大家一起大喊大叫，抛纸飞机时，格劳伯却呆坐在一旁，想着自己什么时候能够真正获得诺贝尔奖。

等大家离场后，看到留下的纸飞机和纸屑，格劳伯不由得拿起角落中的扫把，开始清扫起会场来。一下，一下，又一下……会场变得干净了起来，格劳伯忽然觉得自己的心是那么的宁静，他为自己这些日子以来的不安觉得可笑。当把那些纸屑倒进垃圾桶时，格劳伯觉得自己的内心一下子轻松了。自此，格劳伯成了"搞笑诺贝尔奖"颁奖典礼上的常客，第2年、第3年……第5年，白发苍苍的他身披斗篷手拿扫把，努力地清扫着会场，仿佛他眼前只有纸屑和纸飞机，至于那些奖颁给了谁与他无关。

格劳伯当了整整11年的清扫工，2005年真正的诺贝尔物理学奖落到了他的头上，这时他已80岁了，人们以为格劳伯再不会拿起扫把当清扫工了。然而，就在这年"搞笑诺贝尔奖"的颁奖典礼上，格劳伯和往年一样当起了清洁工。格劳伯的一名学生试图拿走尊师手里的扫把，格劳伯却回答说："你不能拿掉我清扫心灵尘埃的扫把，要知道我在清扫颁奖会场的时候，其实也在清扫自己的心灵，它能够让我清醒地去做事。我手中的扫把，我将一直握下去，谁也不能从我手里拿走！"

一位真正的诺贝尔奖获得者拿着扫把整整清扫了11年"搞笑诺贝尔奖"的现场，"要知道我在清扫颁奖会场的时候，其实也在清扫自己的心灵，它能够让我清醒、执着地去做自己的事情"，格劳伯说得多好。可以说，那把扫把已经成为他保持清醒专注于学术研究的象征，也正是他成功的重要原因。

生活中，很多事情是不以人的意志为转移的。我们无法避开熙熙攘攘、名来利往的侵扰，但只要时时清理内心，丢弃陈旧的信念、释放负面的情绪、转变消极的观念，就更有空间容纳快乐、幸福、平静。

05

化繁为简，享受简约生活

个人成就的高低大小，在于人与人之间存有差距，如果我们再仔细深入研究，就会发现：人与人最大的区别可能是性格，可能是素养，但最关键的是能力的差异——有的人善于化繁为简，有的人则经常化简为繁，这种能力的区别导致了人与人最终的差异，这是一个客观的事实，不可否认的事实。

一个哲人准备进行一项实验，他请来一位颇受众人尊重的数学家、一位被业界称为"拥有爱因斯坦头脑"的物理学家，还有一个小学尚未毕业的孩子，然后将他们一起关在一所密闭的房间里。由于房间是密闭的，里面完全漆黑一片，而哲人对这三个人的要求是，用最廉价、最快速的方法，把这个房间装满东西。

听到这一要求，数学家迅速找来尺子，开始丈量墙的高度和长度，然后仔细计算房间的体积，又苦苦思索能用怎样最廉价的东西把这间房间填满。

物理学家也不甘示弱，他伏到桌上开始画房间的结构图，然后分析哪里是光射最佳的方位，在哪堵墙的哪个位置开扇窗最合适，草图画了一大堆但他还是不能确定。

此时,那个孩子却找来一支蜡烛点燃,昏暗的房间一下子亮了,他快乐地跳起舞来。

同样一个问题,物理学家和数学家皱着眉头迟迟拿不出方案,一个孩子却轻松地解决了。

生活中,我们常常会遇到这样一类人,他们有着极为发达的计算能力,他们做事前会权衡利弊,分析得失。按理说,这样的人应该生活得比较理想,做事也比较高效。然而并非如此,这类人往往生活得很累,也很少有成大事者。究其原因,是因为他们总是将事情想得过于复杂、过于烦琐。

有个商人辛辛苦苦忙碌了大半辈子,终于挣足钱过上了好日子,于是这天他来到一个临海的小岛上,想静静地晒晒太阳,享受下自然的美好。正在这时,他看到一个衣着破烂的渔民正在懒洋洋地晒着太阳,就上去搭话,他问渔民:"你为什么不赶紧去捕鱼?"渔民反问他:"我为什么要去捕鱼?"商人说:"捕了鱼你可以拿去卖钱呀,有了钱你就可以过舒坦的日子了,那样你就可以随心所欲地晒太阳了。"渔民轻轻地笑了笑,反问道:"晒太阳?我现在不就在晒太阳吗?"

显而易见,渔民的境界要比商人高好大一截。

别再苦苦折磨自己了,学习化繁就简的整理术吧。所谓化繁就简,就是将自己的思想、需要简化到最低限度,从头绪杂乱的生活中跳出来,从纷繁复杂的事务中走出来,少些利益算计,少些患得患失,尽可能删除其中的繁文缛节的细节,全身心投入生活和工作中,进而获得极为高效的人生。

美国人亨利·戴维·梭罗是一名作家,他一个人在瓦尔登湖畔建造了一栋木屋,然后自己种植物养活自己,靠打工的钱添置生活必需品。他住的木屋面积不大,穿着半新不旧的衣服,吃田间的马齿苋、玉米饼面包之类能维持人日常活动能量的食物。当然这也并不是说他没有能力为自己买一座大房子以及新衣服等，这只是他选择的生活方式。

后来，由于梭罗在文学艺术上做出了巨大贡献，有关部门给他免费提供了一所住宅，并决定聘用他为文化部的干部——但是他拒绝了，他说："如果我接受那些外在的房子、物质等，不仅要为之耗费精力，还很有可能受到诱惑，杂念和烦恼自然也就会束缚我的内心，同时也束缚了我的生活。奢侈与舒适的生活，实际上妨碍了人类的进步。"

从1845年7月到1847年9月，梭罗独自生活在瓦尔登湖边，差不多正好两年零两个月。瓦尔登湖不仅为梭罗提供了一个栖身之所，也为他提供了一种独特的精神氛围，之后他推出了自己的作品《瓦尔登湖》，文学界评价说这是一本"超凡入圣"的书。

"奢侈与舒适的生活，实际上妨碍了人类的进步。"梭罗的话道出了伟大的"秘诀"。可见，化繁为简的过程其实不仅仅是一个思维筛选的过程，也是一个人用心整理的一种体现，这是一种摆脱烦琐复杂，追求简单和自然的心理，尽可能减少一些不必要的麻烦，尽可能保证事情能够高效完成。

找个地方安静地坐着或躺着，思考"简单"这件事。

你希望自己的生活是什么样子？它看起来像什么？

那种生活跟你现在的生活有什么不同？

你会得到什么？会失去什么？以及它对你的意义何在？

不要奢望得到一清二楚、有条不紊的答案，只要你花点时间去想象、具象化、深入其中去感觉你真正想要的生活。好比你正在创作一部新的电影，正在塑造你的理想生活。

让心灵开始平静，让状态变得放松……

06

购物清单，让你的生活更轻松

居住在美国纽约的丽贝卡是一个充满朝气又迷人的纽约女孩，就像绝大多数女人一样，她喜欢逛街和购物，而且对待时尚的东西毫无抵抗力。无论衣服、鞋子还是包包，一看到喜欢的东西，丽贝卡心中便升腾起恋爱般的感觉，本着"只要喜欢，不买可惜"的信条，她购买了许多东西，即使根本不需要的东西，也忍不住想买，比如她曾花费一万二千美元买下自己根本不需要的潜水用具。

因为购物成瘾的缘故，丽贝卡虽然大学毕业后已经工作了一段时间，却一分钱没攒下，反而刷爆了十几张信用卡，欠下一屁股债。因此，丽贝卡不得不出去寻找一份高薪的工作以应付财政危机。阴差阳错下，她进了一家财经杂志。帅气的主编与她越走越近，她既慌张又惊喜。为了保住自己的饭碗，更为了保护美好的爱情，丽贝卡一边千方百计掩盖着自己日益严重的债务问题，一边想尽办法戒掉自己购物成瘾的毛病。

……

第7个习惯
对生活和心灵进行定期清理

这是美国影片《一个购物狂的自白》中的故事，每个喜欢购物的人多多少少都能从中看到自己的影子。因为被甩了心情不好大采购，因为填补内心空虚狂刷卡，因为高调炫耀想一举拍下昂贵的衣服……电影最后是美好的结局，爱购物的丽贝卡遇到主编后痛改前非，开始新的人生。但回归到现实，谁又会为你的疯狂买单？即便你是有钱人士，但买了不需要的东西，不仅会带来金钱上的浪费、整理上的困难，而且还会导致时间和精力的浪费。试想，在这样的状态下，做事能高效吗？

因此，建议你要学会理性对待购物，买自己需要的东西、实用的东西，如此你不仅可以避免东西太多不易整理的问题，而且可以将有限的时间和精力花在更有价值的地方。最好的方法是提前整理出一份购物清单，也就是你要根据家中的需要，制订详细、合理的购物计划，做到心中有数。

通常来说，我们购物时花销大就是因为购买了不需要的东西，而提前列出购物清单可以提醒你需要买些什么东西。对照清单，你又能惊奇地发现有多少是可以不要的，以免在冲动的状态下买回一大堆平时用不着的东西。所收纳的东西少了，整理工作也就轻松了，这是一种非常高效的整理习惯。

为此，你需要坐下来，拿出笔和纸，或打开计算机上一个空白的文本文档，想想你每个月花在消费上的金钱数额，尽可能详细。然后，对物品做出取舍。找出那些你已经拥有或可以借到的物品清单，这可能是衣物、瓶子、未使用的清洁产品，或是堆放在车库里的杂物，从而减少购买任何新物品的需求。保持理智的头脑，对物品进行优先级排序，选取自己真正需要的东西才是王道。

每次去逛街的时候，米蒙总按捺不住自己的购物欲望，结果总会买很多没用的东西，浪费了很多金钱。比如，在超市收银台前排队结账的那几分钟，米蒙觉得等待的时间很无聊，就会不自觉地买下陈列在收银台附近货架上的口香糖、巧克力和杂志等；商家在节假日的时候经常搞促销活动，米蒙则经常因看似合理的价格和折扣而狂买，却在事后悔不当初，因为这些东西根本用不上。

为了改变这一行为，米蒙开始练习着列购物清单，只购买需要的东西，如期望的某品牌的新款夏装、信赖的某种食品、必备的家用品。为了达到使用目的，米蒙还会在清单旁边写一句话："绝对不信任销售员的任何推介。"购物时，她则会照着购物清单有针对性地买，买完就立马结账回家。碰到自己喜欢的东西，她也会认真地分析，自己需不需要这件产品，如果不是紧急需要的范畴，她就会果断"舍弃"。就这样，米蒙再也没有遭遇过错买东西的自责和懊恼。

俗话说"吃不穷花不穷，算计不到要受穷"。会算计的人，2000元也能将生活过得很好；不懂算计的人，给他20万也会转手就花完。除了每次购物之前列出清单，购物时严格按清单执行外，你还可以估算一下大概需要多少钱。出门尽量不要多带钱，这样不仅结账方便、省时，还能防止冲动消费。

另外，你还可以运用时间整理术，对购物时间进行限定。例如，规定购物时间不要超过两小时，购物时不要东张西望，到处逛，直奔自己所需买的商品，买下，走人。这样完全可以避免长时间沉浸在购物气氛中，受心理暗示而产生不理性的消费，进而把时间和精力充分用到"刀刃"上。

或许开始时你会觉得很难，但请相信，很快你就会体会到整理中少、快、省的快乐。

07

倾诉，排解情绪的法宝

人作为高级动物，不但有感情而且感情复杂。因为人生不如意之事十有八九，我们遇到的人各式各样，遇到的事错综复杂，心情也会随着感觉而不断变化，成功的兴奋、失意的沮丧、痛苦的悲伤、不公的愤懑，这些情绪若长期在心里积存，就如堤坝内的蓄水，一旦超过警戒水位，将溃坝酿成灾害。

能不能"引流"和"疏通"，要看每个人的整理能力。

在这里，我们所提倡的整理方法是——倾诉。倾诉就是将自己的喜、怒、哀、乐，尤其是怒和哀，毫无保留地诉说出来，这是一种感情的宣泄，也是一种心理整理术。

你是否有过这样的体验：当难过伤心的时候，如果你一直闷在心里，很可能一蹶不振。而在自己所倚重和信赖的人面前，把深藏于心底的话表达出来，把压抑于内心的情绪宣泄出来，就会使痛苦不安的心灵得到一定的平衡和安宁，使过分紧张的心理获得必要的松弛，产生一种如释重负之感。

遗憾的是，有些人却因各种原因，无端地封闭自己，或沉默寡言，或羞于开口，人为地遏制了这种整理，造成了满则溢的泛滥成灾的不幸。

心理学家以经历过1989年旧金山地震或1991年海湾战争的居民为对象实施了为期十一周的调查，结果显示：有创伤经历的居民们，在前两周内经常回忆悲惨的事件，但他们愿意和周围的人围绕着灾难交流意见。从第三周到第八周，他们虽然并没有从大脑中抹去相关事件的记忆，但开始介意别人交谈中提及这些话题，话也相对减少了许多，同时，在此期间内创伤经历者的不安感、莫名的情绪波动，甚至暴力冲突等异常表现却逐渐增多，其原因就在于"抑制感情"的副作用。因为受到周围环境的制约，情感表达也受到了限制，从而给经历灾难的居民的身心健康带来了极坏的影响。

别再把问题压抑在心里，或者寻求酗酒、抽烟等精神刺激逃避问题，寻求更积极的解决办法吧，向别人、你的爱人、亲友、心理医生等倾诉你心中的所思所想。倾诉可以是口若悬河，也可以是寥寥数语；既可信手拈来，也可深思熟虑。只要能使苦闷的心情得到缓解或释放，能更透彻、更全面地看待那些困扰自己的事情，重新审视自己的生活时，这一整理工作就算达到目的了。

如果你实在不想找人诉说，或找不到倾诉对象，那不妨试着和自己说说心里话，或写写日记，记下自己的感受，进而来了解自己真实的情感、体验，整理自己纷乱的思绪，并努力去发现更多的选择。"和自己说"与"向别人倾诉"相比，前者不会使你的隐私过分公开，保留了更多私人空间。

一个奥地利男孩自幼十分崇拜、敬畏自己的父亲，但同时来自父亲的粗暴、专制、严厉呵斥，使他一生都笼罩在父亲的阴影里。再加上生活穷困，虚弱无能，敏感又焦虑，他感到很寂寞、很孤独。怎么办？男孩感到自己没有人可诉说，他便想拿出笔来对人说点什么，对自己说点什么。在他认为，写作是一种心灵的舞蹈，自由、随意，也是一种个人化的倾诉，至于有没有听众，对他来说并不重要。

就这样，男孩选择了文学，用写作这种方式进行着灵魂的自我交谈，他手下的主人公们都是以一个"儿子"的身份存在着，并且具有儿子的生活形态和心理状态，他将自己孤独、寂寞与自惭形秽的情绪淋漓尽致地赋予在主人公身上，作为一种逃脱出来的尝试，他依靠写作度过了无数茫茫黑夜，后来终于成了著名小说家。

他，就是"现代主义文学之父"弗兰兹·卡夫卡。

由此可见，心理问题在被解决之前，首先要被整理，倾诉就是一种很有效的整理方法。将自己真实的感受整理出来，坦诚地表达，如能疏导好，各种心理问题根本不会形成。

08

每个人都应有"修复力"

在安哥拉的沙漠中有一种植物名叫千岁兰,众所周知,由于干旱、沙石的不断磨损、狂风的蹂躏,沙漠中植物叶片的前端最容易失去水分,从而干枯,但千岁兰的叶子却永远保持新绿。不知情的人以为千岁兰的叶子不老、不衰、不损伤,殊不知,千岁兰叶子基部具有很强的再生和修复能力,叶子前端在遭遇风沙的磨损后,损失的部分很快由新生部分替补。如此循环,生生不息。

你,有没有如此强大的修复力呢?

什么是修复力?所谓修复力,是指个体遇到困难、挫折等负面事件时的反弹能力。心理修复能力强的人,在遭遇困难、挫折后不会一味地消极怠工,而是能快速地进行自我整理、自我调整,缓解或消除创伤性事件带来的压力和困扰,获得生理以及心理上的安全感,进而快速恢复正常的状态。

你是否听过这样一则故事:一只小猴子的肚子被树枝划破了,流了很多血。它每见到一个猴子朋友就扒开伤口给它看：你看我的伤口好痛。每个看见它受伤的猴子都安慰它，同情它。小猴子就继续给朋友们撕开伤口看，继续得到安慰，听取意见。最后，伤口感染了，小猴子死掉了。

在实际生活中，类似的例子并不少见。

M女士离婚了，前夫因移情别恋甩了她。M女士痛恨对方的无情，厌恶他的无耻，遇到每个朋友就把事情的缘由讲一遍，把渣男骂一遍，再把自己的伤心表达一遍。好好的一个姑娘，硬生生把自己活成了祥林嫂。那段时间她不平、愤懑、幽怨，经常会在办公室突然大哭不止，后来甚至请了一周病假。如果一个人无法忘记前任带来的伤痛，一直活在前任的阴影里，如何重新开始新的生活？

生活中，谁都难免经历恶意中伤、流言蜚语、努力得不到回报、一次又一次的失败等，此时不要一味地逃避或退缩，不要寄望从他人身上寻求慰藉与支持，而是要充分发挥自身的"修复力"，也就是说，我们要学会认真地思考分析，整理经验与教训，才能真正地走出来，以一种全新状态迎接新的生活。

"二战"期间，在庆祝盟军于北非获胜的那一天，家住美国俄勒冈州波特南的伊丽莎白·唐莉女士收到了国防部的一份电报：她的儿子在战场上牺牲了。这是她唯一的儿子，也是她唯一的亲人，那是她的命运啊！伊丽莎白·唐莉无法接受这个突如其来的严酷事实，她痛不欲生，心生绝望，觉得人生再也没有什么意义，于是她决定放弃工作，远离家乡，然后找一个无人的地方默默地了此余生。

在清理行装的时候，伊丽莎白·唐莉忽然发现了一封几年前的信，那是儿子在到达前线后写给她的。信上写道："请妈妈放心，我永远不会忘记您对我的教导，无论在哪里，也无论遇到什么样的灾难，我都会勇敢地面对生活，像真正的男子汉那样，能够用微笑承受一切不幸和痛苦。我永远以您为榜样，永远记着您的微笑。"伊丽莎白·唐莉把这封信读了一遍又一遍，"是啊，我应该像儿子说的那样，用微笑埋葬痛苦。我没有起死回生的神力改变现实，但我有能力继续生活下去"。

后来，伊丽莎白·唐莉打消了背井离乡的念头，她再度开始工作，不再对人冷淡无情。同时，为了找出新的兴趣，结交了新的朋友，她还参加了一个成人教育班。再后来，她打起精神开始写作，立足于自己的经历，著成了《用微笑把痛苦埋葬》这本书，成为了一名出色的作家。

糟糕的经历本身并不一定会影响到未来的发展，真正起到决定作用的，是你看待这些事件的角度和回应的方式。也就是说，我们能通过调整思考问题的方式，调整自身的行为，唤醒和使用自身的自愈能力，使自身发生一些积极的、正面的变化。将那些创伤变成经验和教训，然后成长。

假如，你最好的一位亲人或朋友因病过世，当时的悲痛肯定是难免的，如果你一味地把它看成创伤，它对你的影响会延绵不绝；而如果你把它看作一个有意义的事件，比如通过这件事情提醒自己多多注意身体、重视健康、重新发现生活的意义、更加珍重家人和朋友等，那么它就不再是一个创伤。

正如一位作家所说："我坚信，人应该有力量，揪着自己的头发把自己从泥地里拔起来。"

第 8 个习惯
找准定位才能合理规划人生

01

找准你的自我定位

在实际生活中，很多人遇到过这样一个困惑：同样一件事情，为什么别人做得顺风顺水、十分高效，自己却总是力不从心，低效不说，甚至步履艰难？为什么会这样？这通常并非因为你不努力，而是你自身的定位不对，定位不对，努力白费，而且只会使自己陷入一种越努力越尴尬的困局。

谢凡是一家知名化工厂的技术人员，他理论功底扎实，实际经验丰富，厂里每次遇到解决不了的技术难题，第一个就会想到向他求教，而他每次都不负众望，总能顺利地解决那些棘手的问题。同事们都戏称他为"谢大师傅"。当然，领导对谢凡也非常器重，给了他很好的薪资待遇。

但是谢凡认为自己不应该一直只搞搞技术，而应该做一做管理工作才行，毕竟管理层的地位更高，而且工作比较轻松。正好，厂里人力资源部门的一位主管退休了，谢凡听到这个消息后非常兴奋，他认为自己的机会终于来了，于是积极地向领导提出了岗位转调申请。虽然领导再三劝说谢凡要三思，管理工作不是谁都能做的，但谢凡再三保证自己会努力做好这份工作。最后领导妥协了，答应让他试试看。

刚开始到了人力资源部，谢凡感到意气风发，充满了干劲。然而上任一周之后，谢凡发现自己根本不是这块材料，每天对着一堆材料都急得抓耳挠腮，根本不知道如何下手，而他的下属都眼巴巴地等着他的号令，他却连自己的事情都安排不了。结果是，整个人力资源部像瘫痪了一样。

谢凡最终还算理智，赶紧找到领导说明了情况，又调回了原来的部门。在技术部门，谢凡又恢复了如鱼得水的工作状态，还是那个人人尊敬的"谢大师傅"。

事例中的谢凡，原本最适合他的位置是技术工作，他却非要去管理部门，结果不能胜任，搞得部门趋于瘫痪，自己也灰头土脸。好在他及时认识到了自己的问题，又回到了自己最适合的岗位，只有在这个岗位上他才能发挥出自己最大的能力，为厂里创造最大的效益，最终实现自己的价值。

所以，一个人要想高效做事，首先要找准自身的定位。何为找准自己的定位？这个位置不一定是最好的，也不一定是最高的，而是最适合你自己的。说白了，就是找到自己的优势所在，做自己最擅长的事情。即使一个位置不算好，但只要是适合你的，你就可能比别人做得更快、更好，进而迎来改变命运的良好契机。

刘珊是某外贸公司的秘书，她为人随和，善解人意，对工作也是尽心尽力，但性格外向的她却非常不喜欢办公室工作，在办公室超过一个小时她就如坐针毡。这一点，让她深感做秘书工作的吃力和不爽。一段时间后，身心俱疲的刘珊向朋友吐露自己的烦恼，并打算向老总提出辞职请求。

"这家公司是你当初经过层层面试才进来的，这样辞职不觉得可惜吗？"朋友问。

"可惜，"刘珊一脸的无奈，"但我已经做了五年秘书了，事业依然不瘟不火，更愁人。"

进一步了解到刘珊的工作状态后，朋友提议她调换一个新工作。

"我做什么好？"刘珊追问。

"这就需要你好好分析下自己，比如，你喜欢什么、擅长什么等。"

经过一番共同的分析，刘珊觉得随着年龄的增长，想做挑战自己的工作，而且她自认口才还不错。当时，公司急需一批谈判人才，刘珊便请求老总将自己调到了销售部，开始尝试着在谈判桌上办公。刘珊思维缜密、善于分析，不久便如鱼得水，应付自如，赢得不少客人的称赞，职位和薪水均得到了提高。

当工作不理想时不要找借口，你需要尽可能全面地、深入地整理自己的信息，评价一下你的知识储备、培训经历、个人能力以及工作经验，满足哪种工作岗位的要求……这是一种自知的能力，也是一种整理的能力。

为此，你可以拿出一张纸，仔细思考以下问题，并将要点记录在纸上：

我喜欢的工作是什么，我希望从中获取什么？

哪些事情我最喜欢，最不喜欢？

我最擅长处理哪些问题？最不擅长处理哪些问题？

……

整理好这些资料后，在选择职业和事业时，你就要注意将自己的特长与职业进行匹配。例如，如果你是擅长形象思维的人，那就从事文学艺术方面的职业和工作；如果你擅长逻辑思维，那最好选择哲学、数学等理论性较强的工作；如果你擅长具体思维，那么不妨从事机械、修理等方面的工作。

对于很多人来说，不是缺少才能，而是缺少对自己才能的发现，缺少对自己人生价值的开发。也许现在的你很羸弱、很平庸，但只要你通过整理找准自己的定位，充分发挥自身的优势，你早晚会有一番作为。

02

给自己一个人生目标

"请你告诉我,应该走哪条路?"爱丽丝问。

"这要看你想去哪儿。"猫说。

"我不太在乎去哪儿。"爱丽丝说。

"那你走哪条路都没关系",猫说。

"为什么?"爱丽丝问。

"如果你不知道你要去哪里,那么你就哪儿也去不了。"猫回答。

……

这是摘自《爱丽丝漫游奇境记》里的一段话,虽然简单,却蕴含着一个深刻的启示,即没有目标的盲目行动容易导致失败的人生。一个人如果一开始不知道自己要去的目的地在哪里,很容易东一锤子西一棒子,整天忙忙碌碌、晕头转向,那么即使再渴望高效率,有再强大的信念,也很难如愿。

在执行中,最不可忽略的首要问题,就是如何确立目标。

爬过山的人应该都有这样的体会，假如遇到一个非常高的山峰，如果你紧盯前方目标，不停步，不回头，一鼓作气，那么往往就能达到"一览众山小"的境地。如果不是紧盯住前方的目标不放，自己很容易失去方向，任何的一个小障碍都有可能改变你最初的目标，最终导致登山失败。

你渴望比所有人更快地展开行动，快速、精准地做事吗？与其这样问不如问，你清楚你的人生目标吗？你准备做一个什么样的人？你准备达成哪些目标？你知道五年后或者十年后，甚至更久，你会走出一条怎样的人生路吗？请将它写下来，这就好像弓箭手瞄准箭靶一样，你会更有机会"中靶"。

成功的实现需要明确的目标做保障，但明确的目标是不会从天而降的，也不是你拍拍脑袋就能想明白的，它需要你整理你所掌握的各种信息，通过认真分析才能实现。所以，我们需要多花点时间好好整理自己的目标，然后放在每天可以看到的地方，如写在记事本里、通过电脑提醒等。

设定目标的关键步骤就是把目标整理并列出来，列出来并不表示你一定会做到，但不列出来你忘记的可能性是99.99%。这是有科学根据的，因为我们习惯于用视觉的力量来影响头脑和思想。当白纸黑字写下来的那一刻，头脑就开始整理了，可以梳理你的含混不清、条理不顺的想法。

美国纽约C铁路公司的总裁弗兰克就是循着这条途径取得成功的。

几十年前，弗兰克还是一个少年。由于家境贫困，他早早就辍学进入了社会，他要求自己一定要有所作为。那时候，他的人生目标是当上C铁路公司的总裁。为了这个目标，弗兰克从15岁开始就与一伙人一起为城市运送冰块，不断利用闲暇时间学习，并想方设法向铁路行业靠拢。18岁那年，经人介绍他进入了铁路行业，在铁路公司的夜行货车上当一名装卸工。

尽管每天又苦又累，但弗兰克始终铭记自己的目标，为此他比其他人工作起来都卖力。他的努力被领导看在了眼里，领导将他安排到 C 铁路公司邮政列车上做刹车手一职。

弗兰克感觉到自己正在向铁路公司总裁的职位迈进。在此期间，他对总裁的职务做了一次全盘的了解，他知道总裁的工作是复杂的，必须了解所有部门的情况。于是，他开始统计各种关于火车的盈利与支出、发动机耗量与运转情况、货物与旅客的数量等数据。"不知道有多少次，我不得不工作到午夜十一二点。做了这些工作后，我已经对这一行业所有部门的情况了如指掌。"弗兰克回忆说。有朋友不明白弗兰克为什么这么拼命工作，弗兰克解释道："我是以能胜任总裁为工作目标的，我必须花时间了解总裁的整个工作流程。"

当弗兰克确认自己已经具备管理者的素质时，他主动找到了公司的一位主管，言辞恳切地请求能在公司管理部做事，做什么工作都可以，甚至可以不要报酬。对方被他的诚挚所感动，安排了一个很小的职务给他，让他试试看。新的岗位虽然地位很低，但弗兰克铭记自己的目标，他不断补充自己的专业知识，丰富自己的管理经验，他每天负责运送 100 万名乘客，却从没有发生过重大交通事故，最终弗兰克实现了自己成为总裁的目标。

从弗兰克的故事中，你能领悟到什么？显然，弗兰克清楚自己想要的是什么，目标在这里起到了两个方面的作用：一是努力的依据，二是一种鞭策，一种激励，使他可以持之以恒，十年如一日地为之奋斗，不断地向着目标迈进，自身的潜能得以开发，结果他真成了所在行业的领导者。

别再犹豫了，你得有一个目标，一个让你努力的方向，然后不断地去努力。有一点很重要，你的目标必须是具体的、清晰的、可以实现的。也就是说，你将目标整理得越明确、越具体，对目标的理解越深刻，你就能够集中精力在所选定的目标上，你也会因此充分调动自身潜能，更快、更好地做事。

比如，如果你想备考雅思考试，不要简单地说要提高自己的英语水平，这是一个极其笼统的目标，而且任务的难度很大，很容易半途而废。你不妨规定每天阅读并背诵一篇英语美文，每个星期背下300个英语单词……依次渐进地去实现，这样的目标具有可操作性，你会更有方向感，更有动力。

03

一生做好一件事

一个人一生可做的事情很多，如今不少人都有这样的想法，自己最好身怀十八般技艺，头顶三四个职务或者身兼五六个身份，甚至恨不得将自己大卸八块，分别扔进不同专业的领地里去占个地盘。这样的人看似聪明无比，却不知做事杂乱无章，心居无一定所，最后往往所获有限，甚至导致身心崩溃。

对此，美国微软创始人及前总裁比尔·盖茨说过："如果你想同时坐两把椅子，就会掉到两把椅子之间的地上。我之所以取得了成功，是因为我一生只选定了一把椅子。在人生道路上，你应该选定一把椅子。"的确，因为选择了IT事业，他毅然放弃了哈佛学业，放弃了父母提供的优越工作……

回想一下，你是否每天都在忙碌，却又不知道自己真正在忙什么？这时候，你该好好思考一下，你是否为自己准备了两把"椅子"，甚至是多把"椅子"，贪心地什么都想要，想做的事太多或太杂了。如果你足够聪明，人生路上你应该学会选择和舍弃，选择和舍弃也正是对人生目标的整理。

人生真正有价值的东西，是质量，而不是数量。

在上海一家国际大饭店，有这么一个很不起眼的小伙计，他既不会炒菜，也不会做饭，只是给大厨打打下手，做一些洗菜择菜的工作，有时帮忙端盘子上菜，不过他却深得厨师长和朋友的重视。为什么？这个小伙计有自己的一手绝活，就是做苹果甜点，这个不起眼的小菜酸甜可口，营养丰富，深得那些女食客们的喜爱，甚至有人为了能吃上这个甜点在这个饭店里租了一套客房。

琳达学历不高，经验也匮乏，但她做PPT的水平很高，每次去企业做培训，客户都很满意，特别受领导的重视和肯定。许多同事不服气，难道就因为她PPT页面做得好就要比我强？对此，经理说："你认为PPT没难度是吧？那你为什么不分分钟做得比她好？你以为做PPT只是无聊地展示材料，这里面需要多少对业务的深入理解，清晰的逻辑思维，高素质的审美，不然我们为什么动辄雇MBB花上千万搞个项目？"

所以，想要从人群中脱颖而出，就需要增强取与舍的整理意识。这里所阐述的取舍，不是减少自己个人资历上的内容，而是通过全方位的整理和审视自己，发现自身与众不同的独特优势，或在一到两个专业上有独到技术和见解，这就足够一个人在社会上纵横驰骋了。正所谓，招数不在多，制敌即可。

这个世界是不平等的，因为每个人出生后，拥有的东西都不一样，家庭、背景、资源等。但是它又是平等的，因为这个世界运转规律很简单。你能够为他人创造价值，你就能获得相应的回报。而你能为他人创造价值的依托，就是你的一技之长，你拿得出手的本事，这是你在竞争中取胜的本钱。

我们再来翻翻《财富》世界500强企业的简历，物流快递类第一名是UPS公司，UPS发展到今天脑子只有一根筋——用最快的速度把包裹送到客户手中，UPS就把业务做到了全世界；沃伦·巴菲特专做股票，很快做到了亿万富翁；乔治·索罗斯一心搞对冲基金，结果成了金融大鳄；世界第一强、零售业的老大——沃尔玛自始至终只做零售，钱再多都不买地，从不去做房地产……

对自身进行整理，在未来十年甚至几十年的职业生涯里，你是否有与众不同的技能，能够让你在未来发展中立于不败之地？如果还没有，那就潜下心来，好好专研打磨，一路坚持修炼下去，总会实现多、快、好、省；也希望修炼还不到家的朋友，能够沉得住气，继续修炼，总会有所收获。

04

灵活应变，适时调整你的方向

为清楚已确立的目标是不是合理，就要注意及时整理反馈信息。根据反馈信息，做出适当的调整，然后迅速实施计划，以便更快、更好地达成目标。

遗憾的是，不少人一味坚持最初的目标而不与时俱进，这无异于刻舟求剑，只能被绝望的思绪所困扰，被眼前的困境所蒙蔽。即使最终强取而得，也耗费了超出常规几倍的资源，碰得头破血流，与高效人生无缘。

丽媛是某重点大学的高才生，毕业后她进入一家软件公司做程序员，但程序员工作枯燥，而且经常加班，这让丽媛备感压力，经常和身边人埋怨自己当初进错了行业。当别人问她为什么不换份工作时，丽媛却说，自己当初上大学时学的就是这个专业，付出了很多，现在换行业再从零做起，以前所付出的努力岂不是白费。同时，她还有这样的疑虑："如果我继续努力，或许慢慢就好了"，之后她继续选择了死扛。

而丽媛好几位非常熟悉的朋友，在通过多方考虑，发现原行业不适合自己后，就果断地转行，虽然从零起步，但经过一番努力，现在已是大有所为。例如，丽媛的一位大学同学在5年前辞去了教师工作，他的理由是自己没耐心、性子急，不适合教育工作。之后，他开始创业，他有冲劲，敢想敢做，如今企业资产已达数千万元。而丽媛的坚持依然没有进展，眼里满是"何必当初"的绝望。

一个不适合的职位，一项力不从心的事业等，许多人之所以做事不够高效，很大程度上就在于经常固守一个目标，不懂得适时调整和修正自己的目标，坚持一条道走到底。

回想一下，你是否有过这样的感受：你在某件事情上付出了很多努力，但仍不能达到设想目标，甚至使自己处于一个进退两难的地步，有一种走入死胡同的感觉，于是抱定绝望的心态？这时候，其实最明智的办法就是好好整理和分析，这个目标对自己是否合适？如果不合适，灵活地进行调整。

这是一种自我调整，是提高做事效率的重要方法。

你航过海吗？如果你仔细分析航海者的图表，就会发现航程从出发点到终点站，其路径并不是一条直线，而是一条弯弯曲曲的连线。为什么？因为水流、风向等外力的影响，船长会时时修正船只前进的方向。人生仿佛就是大海中的航船，很少有一帆风顺的时候，适时修整自己的方向十分必要。

19世纪美国发现了储量可观的金矿，消息传来，整个美国都轰动了。李维斯和众多年轻人日夜兼程奔赴西部加州追赶淘金热潮。天气燥热的加州到处都是淘金者，再加上到西部的时间较晚，好的地方已被先来者占据，李维斯一连挖了好几天，可连一粒金子也没有挖到，还得时常忍受饥渴折磨。

"金子难淘，生活艰难，再这样下去身体就会垮掉，怎么办？"看到淘金者们口渴难耐的样子，一个念头在李维斯脑中一闪而过："卖水！"于是，李维斯没日没夜地挖水渠，从百里之外将河水引入水池，然后将水装进水桶里，开始卖水了。一时间，排队买水的人挤破了头，李维斯的生意红红火火。慢慢地，有人开始参与卖水行业了。随着卖水的人越来越多，这个市场很快就被瓜分了。

李维斯陷入了困境中，该怎么办呢？他开始了冷静的思考。看到淘金人成天在野外挖矿，裤子极易磨破，他便收集了一些废弃的帆布帐篷，缝制成裤子，这种裤子布料很厚很结实，不容易磨破，在当地非常受欢迎。由于需求量大得惊人，没多久，李维斯就开办了服装加工厂，Levi's 的神话也由此展开。

李维斯意识到金子难淘的问题，及时转行，并清晰地明确了自己的发展方向，他的智慧为自己赢得了成功，财富和荣誉纷至沓来。这也正应了文学大师斯宾塞·约翰逊所说的："越早放弃旧的奶酪，你就会越早发现新的奶酪。"

当然，最好要及时、经常地调整和修正目标，别等到错误发生了再行动。设想一下，如果你每年检查一次目标的实施成果，则一年只有一次机会可以改正错误，如果每月检查一次呢？你就有 12 次改正错误的机会。若每天衡量一次，那么你就有 300 多次的机会，错误少了，效率自然就高了。

切记，在一个千变万化的世界里，不可能会有一成不变的事物，包括目标。高效的人生就是不断调整自己的目标，然后不断达成目标的过程。

05

财富整理，让人生更高效

无论身处何处，职场或家庭，只有掌握经济大权的人，才可能拥有话语权。每个人都想成为会赚钱的聪明人，不用看谁的脸色来决定自己买几个包包、几件衣服，每个月进几次美容院等。但问题是，赚钱这种能力并不是每个人都能拥有的，很多时候不管你付出多少努力，到手的钱就是那么点。

是的，这就是现实，令人悲伤、失望的不公平的现实。但有的时候你必须面对，也必须承认，你确实不是那种会赚钱的聪明人。但也不必发愁，只要你有意识地做好财富整理，那么你就能够拉近自身与财富之间的距离，正如"股神"巴菲特先生所说："人一生中能积累多少财富，不是取决于你能赚多少钱，而是取决于你如何投资理财。"

罗敏和秦菲菲是大学同学，罗敏家境优越，漂亮时尚，聪明外向，在大学时就是有名的风云人物。秦菲菲则出身贫寒，低调内向。八年之后，在参加校庆的聚会上，大家谈起了各自毕业之后的生活。光鲜靓丽的罗敏就业于一家世界五百强企业，年薪几十万，是人人羡慕的职场"白骨精"。

而秦菲菲依旧和从前一样安静朴素，据说她在一家很普通的公司，每个月薪水也就几千块，并没有什么太令人羡慕的好运气。可一说到房子、存款之时，收入颇高的罗敏除了买下一套房子之外，几乎没有任何存款，每月还得还房贷，而秦菲菲除了买了两套房子外，已经是个存款百万的小富婆了。毕业后境遇天差地别的两人，却在财富值上实现了逆袭，真是令人意外。

在大家的质疑中，罗敏无奈地一摊手，说道："我虽然赚得多，可应酬也多。平日里请客吃饭少不了，每个月光花在衣服、美容上的开销也不小。前段时间，我母亲生病了，我去银行取钱，这才知道这几年存款不足五万，我都不知道自己赚来的钱到底花到哪里去了。"秦菲菲则腼腆地笑道："我赚得不多，工作也不像罗敏那么忙，所以我把更多的时间都放到投资理财上了。我每个月都会坚持存一部分钱，然后投入理财产品，有的理财产品回报率很不错的，我利用赚来的那些钱给自己买衣服、化妆品等。后来我看房产市场比较好，就跟家里借了些钱买了房子，现在也升值不少……"

罗敏虽然月入上万，但她所积攒下的财富，却远远不如预期的那样可观，原因其实很简单——她不懂得财富整理。而秦菲菲虽然赚钱能力不强，却在资产管理上十分精明。在她手上的每一分钱，都能花在最能发挥其作用的地方。她能将有限的资源进行合理的分配，甚至做到以钱生钱，让自己的资产像滚雪球一样，越滚越大，最终享受着生活的乐趣，感受到踏踏实实的幸福感。

生活的方方面面都需要金钱的支撑，安排好当前的生活，将资产做合理的分配，这正是财富整理的意义所在。当然，财富整理不只是一种整理工作，而且还是一种态度和理念。它也许无法使你一夜致富，但却可以使你善用手中一切可运用的资金，满足家庭各阶段的需求，使生活有条不紊。

具体该怎么做呢？可以遵循以下规则：

节约：最简单的理财

所谓"理财"，首先你必须得有"财"，然后再来谈"理"。而想要有"财"，关键就是要会"存"，会存钱才能积累财富，你的钱袋也才能鼓起来。凡事量入为出，要有计划地开支，购物前不要冲动，该省则省，能不买就不买。如此，你不光是堵住了漏钱的"缝隙"，也积累了理财的基础资本。

为此，你需要准确、持续、有条理地记录你的收入、花销、净资产，了解自己现在的经济状况，找出支出去向，支出的可控制范围，然后制定预算。请注意，预算要清楚、明确、真实、可行。当然，节约的最终目的是过得更好。如果只知道聚敛财富，而不拿来消费，钱攒得再多也不过是一堆废纸。真正的节约是"花最少的钱，获得最多的享受""只买对的，不买贵的"，即把每一分钱都花在刀刃上。

储蓄：最稳定的理财

很多人害怕手边没钱的感觉，户头空空、手上空空，心中就不踏实。现金要多才有安全感，这就需要及早学会用银行储蓄的方式打理自己的金钱。储蓄理财，虽然收益小，却是风险小、最稳定的理财方式。比如，"零存整付""定期定额"都是储备投资资本的最佳手段，每月将部分收入存到固定的投资账户，就像你持之以恒地将某一物品规整到某一固定场合一样，多年后的财富累积成效绝对会让你大吃一惊的。

投资：开源式的理财

投资理财是一种开源式的理财观念，即通过对已有的财富进行合理适当的投资，以获取更高收益的开源，这是一种让"钱生钱"的模式，投资实业、购买债券、投资股票、期货以及外汇等，都可以大胆尝试，"坐收渔翁之利"。不过，投资有风险，盈亏难料，要谨慎再谨慎，认真揣摩学习。

俗话说"看菜吃饭，量体裁衣"，在决定投资事宜之前一定要了解自身的经济状况，包括收入水平、支出的可控制范围，根据可以判断的条件，定好一个投资目标，那么回报就会比较理想。为了使行动更高效，你在决定投资事宜之前，最好在专业知识上丰富自己，平时多学习投资，多留意财经消息，咨询经验丰富的会计师、财务专家或顾问等，然后再采取行动，那么回报往往会比较理想。

把"鸡蛋放在不同篮子里"是一种有效的财富整理，即将自己的资金进行多元性的分散投资，这既可以降低风险，也可以保证资本有效升值。比如，你可以按1∶1∶1的比例将资金分别进行资金存储、投资实业、购买债券，如果你的日常结余比较多，那么你还可以适当地投资股票、期货以及外汇等。

保险：保障性理财

保险是生命、财务安全规划的主要工具之一，是一种特殊的投资。它能够解决我们能力之外的事情，让生活更加妥帖随心，就像人们常说的："平时当存钱，有事不缺钱，投资稳赚钱，受益免税钱，破产保住钱，万一领大钱。"

在进行投保之前，你最好和全家共同规划，根据自身的财务状况量身定做，更要多方兼顾以求获得周全专业的保障和呵护，尽可能使你有限的资金发挥最大的效用。同时，决定购买保险时，你一定要结合家庭的具体经济状况，建议年保费支出一般不超过家庭年收入的10%~20%。

当然，你还可以学会通过各种方法提高收入水平，其中兼职是一种不错的选择，你可以开淘宝小店、做产品代理、合伙创业等。通过业余时间的兼职，既能培养另一项技能，又能挣取一份不错的"外快"，去实现所期望的理财目标，乃至生活目标，两全其美！

06

伟大，从创建理想开始

你想做一个高效人士，更快地取得成功吗？

毋庸置疑，当你拿起这本书时，你的回答十有八九是肯定的。那么，如何做到呢？前面我们已经讲了很多，这里再介绍一个实用方法，那就是创建理想。理想是什么？这是一个人内心里对人生的一种期望，也是对自我形象的一种整理，即我想成为什么样的人？做什么？拥有什么？追求什么？获得什么？……

注意观察一下，你会发现，同样一个环境，一个有理想的人和一个胸无大志的人，他们的行为方式截然不同。比如，有明确理想的人可能会想着如何提高自己，做好事情，处理好各种人际关系，利用业余时间来学习或者做事情。但没有明确理想的人总是很容易满足，可能什么都不太会考虑，比较随性，做好该做的就觉得足够了。这样的人只会屈于人后，又有什么出息？

四十多年前的一天，一个皮肤黝黑的小男孩依偎在母亲的怀里，指着电视里慷慨陈词的马丁·路德·金说："妈妈，他是谁？"年轻妈妈笑着告诉孩子："他是个领袖，是一个了不起的人物。"男孩年龄还小，他不知道领袖到底是什么，但他看到电视里黑压压的一片，全是和自己一样肤色的人，那么挥舞着手臂，有的还热泪盈眶。这一切，都是因为台上那个激情四射的人，他也想成为那样的人。那位领袖不断地重复着一句话："I have a dream."他也跟着说道："I have a dream."

由于黑色的肤色，以及父母的多次离异，小男孩一度很自卑，学生时期也曾经有过沉沦，但他从未忘记幼年时的那一幕，"我要做一个成功领袖"。为此，他非常努力地学习知识，从一个成绩平平的一般生变成了一个出色的优等生，并顺利考上了一所大学。大学毕业后，他到芝加哥的一个穷人社区做起了社区工作者。虽然年薪只有1.3万美元，但他一直铭记自己的理想，他要做一个成功领袖。正是这种积极的强大动力，推动他不懈奋斗，将社区工作做得非常好，获得一致好评。

为了保证理想的实现，男孩报考了哈佛的法学院，攻读法学博士学位，最终雄心勃勃地进军总统宝座，最终47岁的他成功地到达了权力的巅峰。他就是美国历史上第一位黑人总统——奥巴马。提及自己的成功，奥巴马说自己的成功并不复杂，正在于"我要做一个成功领袖"的理想。这个理想虽然听起来很遥远，却使他发现自己有了一种从来没有过的自信，不停地奔向成功。

为什么奥巴马没有成为堕落的人渣？为什么他最终能健康成长，甚至做出一番卓越成就？这就是理想的激励作用。

所谓理想，不是记忆表象的简单再现或组合，而是经过人脑的加工改造、整理、整合所形成的符合人的一定意识活动的新形象。严格来说，这就是自我构建一个新的形象。这个新形象会引发一定的思维和行为模式，就连说话的方式、思维的逻辑基础，都不由得臣服于它，调动全身的积极力量。

比如，当你的理想是做一名业绩卓越的优秀员工时，面对工作你就会变得更加积极主动，原本过去只是拜访一个客户，可现在你为了尽快实现自己的理想，你会去拜访两个甚至三个客户。于是，你整个人在工作中的状态就会发生改变，你带给周围的同事和老板的印象也会有所改变，他们会觉得你充满着活力，积极向上，勤勤恳恳，再有加薪升职的机会时他们立刻就会想到你。

如果你明白了这些，那就赶快行动吧。

花点时间思考一下，你想成为什么样的人，你想要怎样的未来。为此，你可以多问自己几个问题，如"我是谁？""我想干什么？我想得到什么结果？""在我的日常生活中是哪一类的成功最使我产生成就感？"……每一次向自己提出这样的问题时候，随意地记下你的所得。开始的时候，它们可能没有什么意义，但多次的累积会让你茅塞顿开，你会真切地知道自己想要什么。

还有一个最简单的方法，就是把自己想象成一个非常成功的人，非常积极的人，非常热情的人，非常有动力的人，这些都是高效人士的共同特征，学习他们的做事风格、思考模式，已经证明有效的成功方法等，这是实现成功的重要秘诀。但前提是在事实基础之上，要结合自身的性格、风格等。

在这一点上，美国著名服装设计师安妮特夫人的成功故事就是最好的证明。

安妮特从小出身贫寒，多年以前，她在纽约城里好不容易找到了一份工作，到第五大街的一家女服裁缝店当打杂女工。这是一家很上档次的裁缝店，店里每天都会接待一些美国上流社会的贵妇、小姐们，她们一个个穿着讲究，端庄大方，高贵典雅……这给了安妮特很大的震撼：这才是女人们应该有的样子。一股强烈的欲望在她的心中燃起：我也要成为她们中的一员，过那样的生活。

接下来，安妮特开始玩起了一个令人兴奋的游戏。她虽然经济拮据，只能穿粗布衣裳，但她假装自己已经是身穿漂亮衣服的夫人，每天开始工作之前都要对着店里的试衣镜，很温柔、很自信地微笑，每次接待顾客们时她也会有意识地这样要求自己，结果她的表现深受那些女士们喜爱。不久，许多顾客开始在裁缝店老板面前说："这位小姑娘是店中最有气质、最有头脑的女孩子！"

做好了工作之后，安妮特不想一直做一名地位卑微的打杂女工，她的目光转向了裁缝店老板身上。与那些女顾客们一样，这也是一位穿着讲究、端庄大方的夫人，不同的是她还聪明能干、处事周全，这令安妮特钦佩不已。于是，安妮特开始向自己的老板学习，她时常想象自己就是老板，待人接物时表现得落落大方，彬彬有礼，工作积极投入，尽心尽责，仿佛那裁缝店就是她自己的。这些都被老板看在眼里，"这真是一个杰出的女孩"，之后老板就把裁缝店交给安妮特管理了。渐渐地，安妮特成了著名服装设计师"安妮特夫人"，继而创造出了一个响亮的品牌——"安妮特"。

安妮特的成功得益于多个方面，但首要的也是最重要的一点，就是一无所有的她敢于"想象成功"。她创造或模拟每一个她想要获得的经历，不断地锻炼着自己，她内心的潜能不断被开发，内心的力量得到了增强，成功的事情越来越多，最后她真的成了自己想成为的那种人。

　　一个人无论从事什么工作，无论到了什么年纪，过着怎样的生活，都要记得创建理想。当然，有时不管我们如何努力，也未必能如愿，但这并不是消极或退缩的理由。理想最现实的意义在于，对自己进行整理和改变，使内心的力量得到引导和开发，如此时间才不会荒废，人活得才有价值。

07

超越，永远不要"自我设限"

一只鹰蛋从鹰巢里滚落到树下，一个路过的农夫发现了鹰蛋，他错以为是一只山鸡蛋，便随手放进树下的山鸡窝里。鹰被孵出来了，但它以为自己是一只山鸡。它和其他山鸡一起长大，过着和山鸡一样的生活，从泥土里寻找食物，做短距离的飞翔，翅膀还啪啪作响。生活非常沉闷，渐渐地鹰长大了，也越来越苦恼。有一天，它看见一只美鹰在天空翱翔，飞得比山还高。"哦，我要能飞得那么高该多好啊！"鹰说。山鸡回答说："不要想了，那是凶猛无比的鹰，你不可能像它们一样！"每次当鹰说想要飞的时候，都被告知它不可能飞起来。渐渐地，鹰也逐渐相信自己飞不起来，最终作为一只山鸡死去。

这只鹰为什么一生都没有飞起来呢？是它丧失了原本的飞翔能力了吗？绝对不是，而是它相信了自己飞不起来。行动的欲望和潜能被自己扼杀了，科学家把这种现象叫作"自我设限"。

现实中，我们经常听到这样一些说辞："人家天生就是好材料，咱哪里比得上呢！""我能有什么出息，混口饭吃！"……从未期望不凡的成就，或许这正是问题的所在——你把自己定在一个既定的范围内，缺少自我挑战、自我突破的想法，这只会束缚自身意识和能力，始终无法前进、平庸度日。

这件事是如何发生的呢？举个例子你就明白了。

有一个年轻人要参加行业聚会，但是他的心里很不情愿。"我不善交际"，他总这样评价自己。这可能与性格有关，可能来自他的经历，这无关紧要，我们把重点放在聚会上。现在，他看到几个人坐在一起聊得热火，他想"我也参与进去吧，多认识行业内的朋友应该不错"。他刚打算上前去说话，这个时候，他突然意识到："不，我搞不定的！"然后，他开始问自己："为什么我搞不定？"最后他找到了答案："哦，因为我不善交际！"于是，他更加坚定了自己是个不善交际的人。

人这一生最大的敌人是谁，不是同学，不是同事，不是社会上的每一个人，而是自己。对此，美国哲学家爱默生论断道："蕴藏于人身上的潜力是无尽的，他能胜任什么事，别人无法知晓。若不动手尝试，他对自己的这种能力就一直蒙昧不察……"

杰克和同胞弟弟洛克都是船员，他们从 18 岁就开始做水手了，然而十几年里，洛克由水手升到水手长、大副，再到另一艘船的船长时，杰克还只是船上的一名普通水手，一生碌碌无为，为什么会出现这种差异呢？

当初，洛克向哥哥提议想做一名船长时，杰克一听，马上就跳起来说："你快醒醒吧，要知道我们的祖父、父亲都是水手，我们怎么可能当船长呢？你也是，老老实实干活才是最重要的。"杰克一直认为自己只是一个当水手的料，他只做水手应该做的事情，也和祖父、父亲一样薪水微薄，过得异常艰苦。

与之不同，洛克对当时的状况极度不满，他不甘心于一辈子就这样下去，他认为虽然祖父、父亲都是水手，但并不代表自己也只能做一辈子水手。这种挑战自己的意愿，转化为追求新生活的行动，只要一有时间他就培养船长的素质和能力。待老船长退休时，洛克被推上了船长之位，当然他也不负众望。

唯有突破自己，方可超越自己。唯有不断超越自己，方可成就一世成功。

明白了这些后，你要想改变现状，就需要整理自己，调整自身思维，把"那就是我"改成"那是以前的我"；把"我不行"改成"如果我努力，我就能改变"；把"那是我的本性"改成"那是我以前的本性"；把任何妨碍成长的"我怎样怎样"，改为"我选择怎样怎样"，并积极行动。

当我们回顾历史，便会发现那些伟大人物之所以能够取得惊人的成就，乃是他们不断地挑战自我，挑战自己的极限，从而不断地完善、提高了自己。

约翰·库缇斯是一个残疾人，出生时他的身体只有可乐罐那么大，而且脊椎下部没有发育，医生断言他不可能活过24小时，建议他的父母准备后事，但是约翰却战胜了死亡，他坚强地活了1周、1个月、1年、10年……17岁时，约翰做了腿部切除手术，成了靠双手行走的"半"个人。他的人生充满了痛苦和耻辱，上学时许多小朋友都骂他是"怪物"，更有一些同学恶作剧地在他课桌周围撒满图钉。中学毕业，他进入社会开始找工作，却因残疾被无数次拒绝。

几乎在所有人看来，约翰是什么都做不了的可怜人，但他自己却不这么想。他坚持不坐轮椅，坚持用"手"走。他每移动一步都感到钻心的疼痛，手经常被扎得鲜血直流，但他一直相信自己能学会走。后来为了能够走远路，他凭借惊人的毅力学会了溜冰板、考取了驾照，他还坚持体育锻炼……由于上肢的长期锻炼，他的手臂爆发出惊人的力量，他成了一名运动健将，并取得一系列正常人都无法取及的成就：1994年，他夺得澳大利亚残疾网球冠军；2000年，他拿到全国举重比赛第二名……后来，他应邀到一百多个国家进行演讲，成了享誉世界的激励大师。

为什么约翰·库缇斯能取得令人难以置信的成就？就在于他面对种种问题、困难及挑战时不是过分地去想"我能不能成功""我以前真的没有经验"等，而是从不认输，从不放弃，有挑战自己的勇气，于是那些看似超越自身界限的挑战，难度渐升的要求，在不知不觉间养成了自身的诸多能力。

可见，整理重在解除自我设限的种种"标签"，跳出自己或他人设下的条条框框，不断挑战自己。困难的事情，不要回避。虽然害怕，仍然要去做；虽然不会，仍然得去做。然后通过自身的努力，通过激发内在蕴藏的能力，让自己的力量强大、强大，再强大；向外延伸、延伸，再延伸，从而进入成功新领域。

起点的高低并不能决定生命将来所能达到的高度和广度，记住这样的话："你是鹰的后代，你应该去追求属于你的蓝天，不要为眼前的一两颗谷子唉声叹气！"

08

整理自己，在不断优化中前进

　　对于人生的整理，是一个全方位的整理。我们需要对自身固有的心态、思维和行为作出适应环境的有利调整，目的就是优化自己，以摆脱现在的困境，达到理想目标。

　　遗憾的是，有些人看不到自身问题或者即便看到了也不去改正，比如听不进别人的意见，这样的结果是什么？处境或停在原地，或越来越糟。而有些人则能及时认识到自身的不足，主动接受别人的意见，然后通过自己的智慧去排列、去整合，不断地改进和优化自我，最终改变了整个人生。

　　米歇尔出生于一个黑人家庭，童年始终伴随着贫穷，父亲是锅炉维修工，母亲是家庭主妇，家里只有一间卧室，她和哥哥不得不睡在阁楼上。尽管生活如此艰辛，但米歇尔从没放弃读书成材的梦想，童年主要在读书、下国际象棋中度过。中学时，米歇尔连跳3级，连续4年被评为全校最优等学生。这一切，使她轻易进入普林斯顿大学，之后又顺利获得哈佛法律博士学位。参与工作之后，虽然米歇尔时常面临种族和性别歧视，但她从不抱怨，从不懊悔，总是能将工作做到最好，并且重在培养社交能力，然后她在商界成了"女强人"。

再后来，米歇尔和奥巴马因为工作结识，她的自强吸引了当时在米歇尔任职的事务所实习的奥巴马。虽然米歇尔曾对政治并不感兴趣，但为了丈夫的事业前途，她辞去芝加哥大学医院副院长职务，开始研究政治事务，并且不遗余力地帮助丈夫。她是他最好的智囊团，并且通过自己强大的人脉、极富表现力的演讲，为丈夫四处筹款拉票，最终她顺利成了美国第一夫人。

一次，米歇尔去花店买花，花店老板打趣道："你真幸运，嫁给了美国总统！"

米歇尔微微一笑说："要是我嫁给你，你就是美国总统！"

人生需要在不断的优化中前行，在时间安排上、学习上、人际关系上、做事上……如每天坚持早起，坚持写日记，坚持说到做到，学会对人微笑……努力由内而外改变自己，每一项都可以给自己加分，集合起来就是一个更优秀的自己，进而提高自身成事的可能性，在自我提升中打造辉煌人生。

当然，这种改变不是没有原则地改变，更不能因为改变而放弃原则，关键是审时度势，因时而变，把握好尺度。既不因改变而因小失大，偏离了最佳的目标；也不因改变而丧失理智，影响了正确的计划。这是一次整理自己的良机，是一种趋利避害的智慧，更是一种成就自己的方式。

在这一点上，前惠普全球执行长官卡莉·菲欧莉娜的故事很典型。

卡莉·菲欧莉娜原本是一个生性羞涩、以夫为贵、只想过安稳日子的小女人，也很少出入各种商界聚会。但是第一段婚姻以男方背叛收场，这让菲欧莉娜大受打击,她决定改变自己的人生!所谓"知识改变命运",菲欧莉娜重新返回到校园,先后拿到了历史、哲学学士学位,企管硕士学位,她掌握的知识不断地增长,内在的修养气度也得到了极大提升,说话干脆,做事利索,很有职业女性范儿。

毕业后,菲欧莉娜进入了AT&T(惠普)公司从事秘书工作。这是一家以技术创新而领先的公司,菲欧莉娜的专业并不吻合,但她没有退缩,她知道自己要想生存下去必须敢于尝试,并作出改变。为了适应工作的要求,菲欧莉娜总是非常关注技术行业,并注意经验的积累、能力的锻炼,以及日常的待人接物、处理事情的能力。虽然她常遭遇众多性别不公的职场待遇,关于她的争议也未曾间断,但她从来没认输过,而是通过不断的学习增强了工作能力,她先是促成惠普与康柏的合并,后又筹划及执行朗讯公司初股上市,最终她成功出任新惠普公司董事长兼首席执行官,这是惠普公司中唯一的女性总裁。

世界不在我们的掌握之中,但命运却掌握在自己手中。随时进行自我整理吧,用你的决心和勇气,努力和坚持,去完成一个华丽蜕变。